Discovery
EDUCATION

맛있는 과학

디스커버리 에듀케이션
맛있는 과학-45 정보 산업과 컴퓨터

1판 1쇄 발행 | 2012. 7. 19.
1판 4쇄 발행 | 2018. 3. 11.

발행처 김영사
발행인 고세규
등록번호 제 406-2003-036호
등록일자 1979. 5. 17.
주 소 경기도 파주시 문발로 197(우10881)
전 화 마케팅부 031-955-3102 편집부 031-955-3113~20
팩 스 031-955-3111

값은 표지에 있습니다.
ISBN 978-89-349-5809-3 64400
ISBN 978-89-349-5254-1 (세트)

최고의 어린이 과학 콘텐츠

디스커버리 에듀케이션 정식 계약판!

Discovery EDUCATION

맛있는 과학

45 | 정보 산업과 컴퓨터

김지윤 글 | 진주 그림 | 류지윤 외 감수

주니어김영사

차례

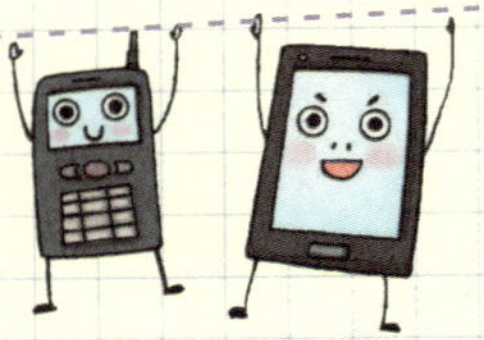

1. 정보 산업과 인터넷

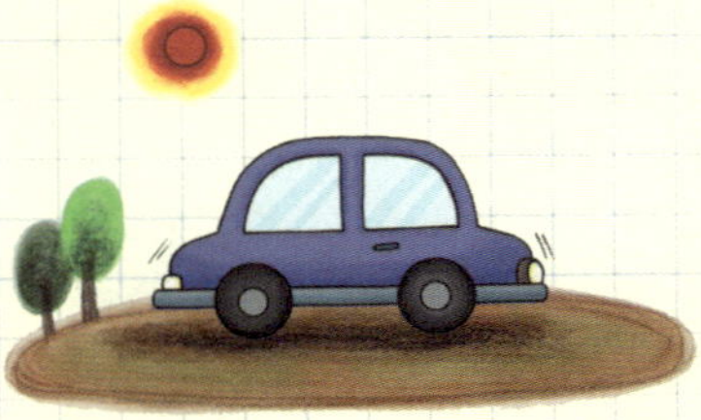

2. 컴퓨터의 모든 것

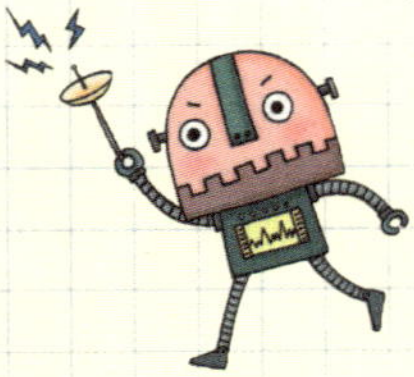

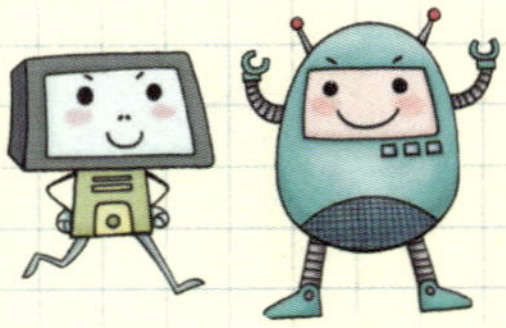

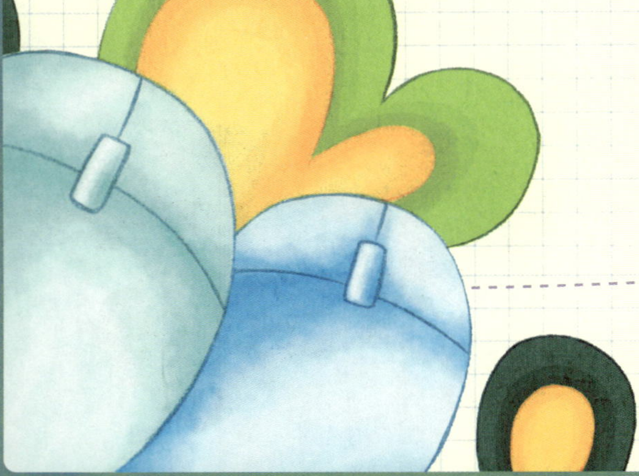

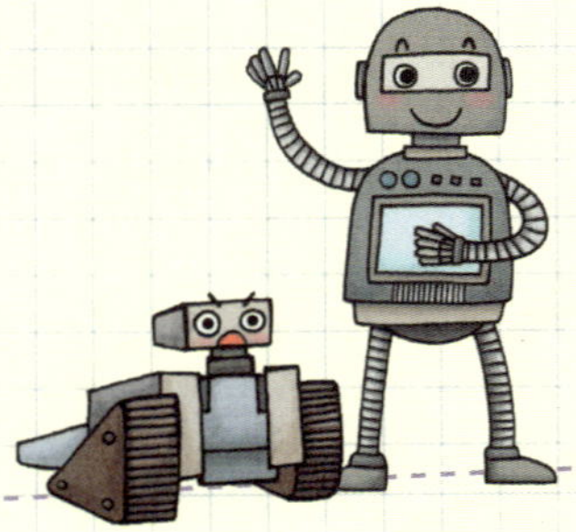

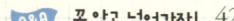

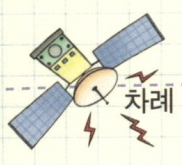

3. 유비쿼터스

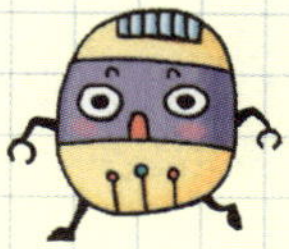

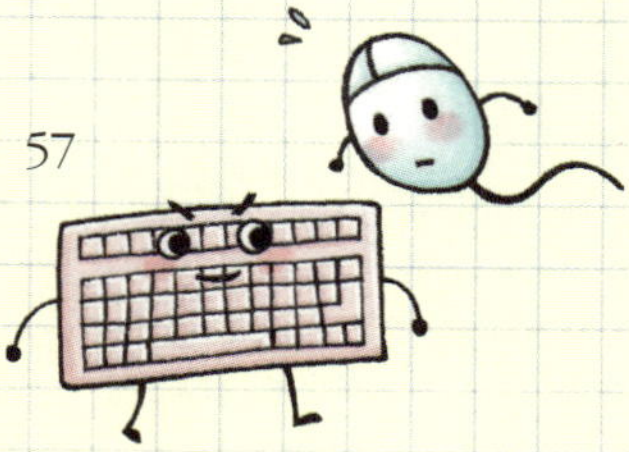

4. 미래의 유비쿼터스 환경

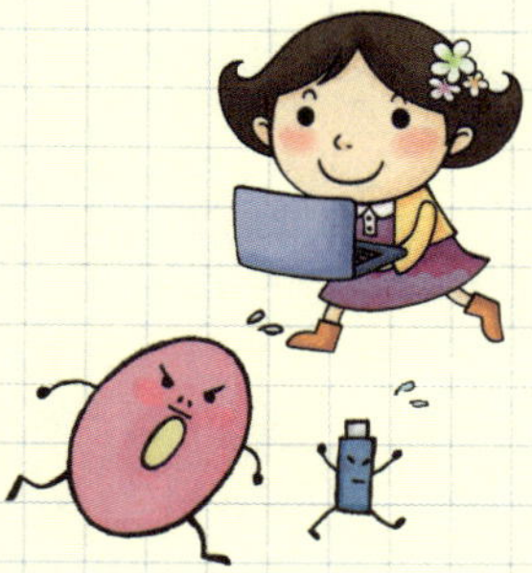

5. 유비쿼터스와 건강

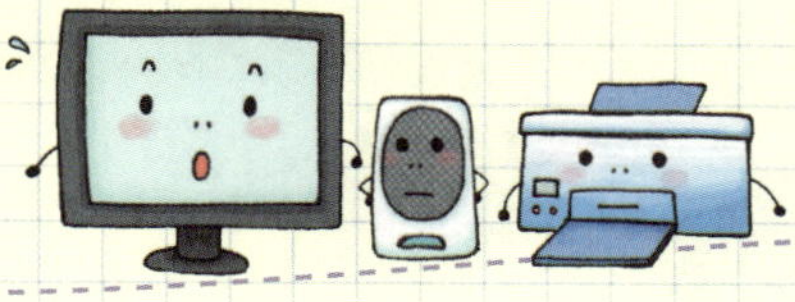

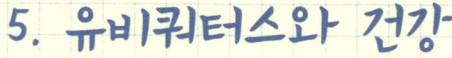

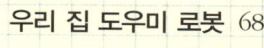

관련 교과

초등 실과 6학년 1학기 2. 인터넷과 정보
초등 과학 6학년 1학기 2. 일기 예보

1. 정보 산업과 인터넷

사람들은 지금보다 더 편한 삶을 살기 위하여 수없이 많은 기술을 개발하고 있습니다. 지금보다 좀 더 나은 것을 갖기 위해 노력하면서 살아가지요. 이런 노력이 있었기 때문에 컴퓨터와 반도체 산업이 주를 이루는 발달된 사회가 되었습니다.

정보 산업이란 무엇일까요?

정보 산업의 뜻

옛날에는 눈에 보이고 손에 잡히는 것만이 가치가 있다고 생각했습니다. 보이지도 만질 수도 없는 것이 돈의 가치를 갖는다거나, 살아가는 데 중요한 역할을 하리라고는 아무도 생각하지 않았습니다. 그러다 시대가 바뀌면서 점점 눈에 보이지 않는 것도 중요하다는 사실을 깨닫게 되었어요.

현대는 정보가 굉장히 중요한 사회입니다. 정보를 많이 아는 것이 재산이라고 할 정도로 정보는 돈과 같은 존재로 여겨지고 있어요. 정보가 큰돈을 벌게 해 줄 수도, 생명을 지켜 줄 수도, 또 더 나은 생활을 누리게 해 줄

수도 있기 때문이에요. 이처럼 정보의 생산, 수집, 가공, 유통, 전달 등 정보에 관한 사항을 다루는 사업을 정보 산업이라고 합니다. 그리고 정보 산업을 중요시하고, 정보를 만들어 내고 전달하는 것이 큰 가치인 사회를 정보화 사회라고 불러요.

정보의 양이 무척 많고 다양해지면서 필요한 정보를 처리하는 일이 굉장히 중요해졌어요. 정보를 빠르고 정확하게 얻고, 또 그 정보를 처리하는 데에 컴퓨터의 역할이 매우 커졌습니다. 결국 정보 산업의 발달은 정보화 사회를 앞당겼고, 그로 인해 컴퓨터와 컴퓨터를 만드는 반도체, 위성통신과 같은 분야도 더욱 발전하게 되었습니다.

정보 산업의 장점

정보화 사회의 변화가 가져오는 장점과 단점은 무엇이 있을까요? 정보

과거와 달리 인터넷을 이용하여 쉽게 정보를 찾을 수 있다.

산업의 발달로 컴퓨터와 인터넷, 위성통신 등이 더욱 발달하면서 우리 생활에는 어떤 변화가 생겼을까요?

우선 정보들을 함께 나눌 수 있게 되었습니다. 예전 같으면 그림 자료를 찾기 위해서는 미술관에 직접 가야 했고, 책 자료를 찾으려면 도서관에 가야 했어요. 하지만 지금은 어떤가요? 직접 방문해서 찾아볼 수도 있지만 인터넷으로 미술관이나 도서관 홈페이지에 접속하여 필요한 자료를 얻을 수 있답니다. 정보 산업의 발달로 자료를 함께 나누고 찾아보기 쉬운 환경이 되었어요.

이 밖에도 인터넷은 쉽고 빠르게 다양한 정보를 얻을 수 있게 해 줍니다. 예를 들어 볼까요? 보통 일기 예보는 텔레비전 뉴스가 끝날 때 나옵니다. 정해진 순서가 다 지나간 뒤에야 일기 예보를 볼 수 있지요. 하지만 인터넷을 이용하면 이처럼 정해진 차례에서만 얻을 수 있던 정보들을 알고 싶을 때 바로 알 수 있답니다. 인터넷에 접속만 하면 그 무엇에 관해서든 수많은

정보를 얻을 수 있거든요. 날씨뿐만 아니라 교통 상황이라든지 여행 정보, 또 쇼핑할 때 그 물건에 대한 정보를 알아보는 데에도 많은 도움을 받을 수 있습니다.

정보 산업의 단점

인터넷의 발달이 좋은 점만 있지는 않습니다. 정보화 사회가 되면서 단점도 하나둘씩 나타나고 있어요.

우선 아무렇지도 않게 남을 욕하고 사생활을 침해할 수 있게 되었습니다. 인터넷은 가상의 이름으로 글을 올릴 수 있는 공간이 많아요. 이러한 공간에서는 본인의 이름이 드러나지 않기 때문에 자유롭게 의견을 나눌 수 있다는 장점이 있지만, 똑같은 이유로 남을 비방하기도 쉽습니다. 또 어린이와 청소년이 음란물 등 해로운 정보를 접하기가 훨씬 쉬워졌지요. 그뿐만 아니라 정보를 얻을 수 있는 사람과 아닌 사람으로 나뉘게 되었습니다. 예를 들어, 컴퓨터를 살 수 없는 사람이나, 컴퓨터를 다루지 못하는 사람은 컴퓨터가 있고 잘 다루는 사람보다 조금밖에 정보를 얻지 못하게 될 테니까요.

이처럼 인터넷은 단점도 있습니다. 하지만 정보 산업의 발전을 위해 컴퓨터는 우리에게 꼭 필요하므로 올바르게 사용하여 앞으로 인터넷이 더욱 좋은 방향으로 발전할 수 있도록 노력해야겠습니다.

TIP 요건 몰랐지?

가상현실

컴퓨터와 인터넷이 발달하면서 우리는 지금 살고 있는 세상 말고도 가상현실이라는 공간도 중요하게 여기게 되었습니다. '아바타' 라는 말을 들어 본 적이 있나요? 아바타는 인터넷에서 우리 자신을 드러내는 캐릭터입니다. 가상현실 속에서의 분신인 셈이지요. 가상현실에서 우리의 개성을 보여 줄 수 있는 것이 바로 아바타이므로, 사람들은 아바타에 옷을 입히거나 꾸미면서 제각기 다른 자신의 개성을 드러냅니다. 요즘은 기술이 발달하면서 아바타도 입체적으로 만들어집니다. 컴퓨터 속에서도 우리의 생활을 본뜬 게임을 할 수 있지요. 하지만 너무 컴퓨터 속 생활에 빠져들면 진짜 현실과 가상현실을 구별하지 못하게 될 수도 있어요. 가상현실에서 아무렇지 않게 했던 일을 현실에서도 그대로 해, 큰 잘못을 저지르거나 실수하는 일이 생깁니다. 가상현실은 진짜 현실과 다르다는 사실을 기억하기로 해요.

아바타. ⓒ TORLEY@flickr.com

인터넷이란 무엇일까요?

인터넷의 시작

인터넷은 '사이' 라는 뜻의 '인터(inter)' 와 '네트워크(network)' 가 더해져 생긴 말입니다. 통신망과 통신망 사이라는 뜻이지요. 따라서 인터넷이란 컴퓨터들끼리 연결되어 있는 컴퓨터 통신 네트워크라고 생각하면 됩니다.

인터넷은 아르파넷에서 시작되었어요. 아르파넷이란 말이 무척 생소하지요? 아르파넷은 미국의 대

네트워크

하나의 시스템과 다른 한 시스템이 서로 정보를 교환할 수 있도록 유선이나 무선 매체를 통해 엮은 형태를 말합니다. 예를 들면 전화망이나 텔레비전망, PC 통신 서비스 등이 있지요. 또는 한 대 이상의 컴퓨터를 서로 연결하여 자료를 공유하거나 교환할 수 있도록 만든 시스템을 말합니다.

학교 네 곳을 연결하기 위하여 만들어 낸 네트워크입니다. 처음에는 군사적 목적으로 만들었어요. 전쟁이 자주 일어났기 때문에 정보를 한곳에 모아 두면 위험하므로 여기저기에 나누었고, 이것들을 쉽게 공유할 수 있도록 한 것이 아르파넷입니다. 아르파넷이 점점 발전하여 지금의 인터넷이 되었습니다.

인터넷은 전 세계의 컴퓨터들 사이에 정보를 공유하기 위하여 컴퓨터와 통신망을 연결해 놓은 최대의 컴퓨터 네트워크를 말합니다. 우리도 인터넷에 접속하면 여러 사이트에서 정보를 얻을 수 있고, 원격 지원으로 다른 사람의 컴퓨터를 조종할 수도 있습니다. 컴퓨터들이 서로 얽혀 있는 것이 인터넷이기에 이 모든 것이 가능합니다.

우리는 인터넷을 통해 어떤 일을 할 수 있을까요? 우체국을 통해 보내던 편지 대신에 네트워크를 통해 전자우편을 보내면 받는 사람도 보내는 즉시

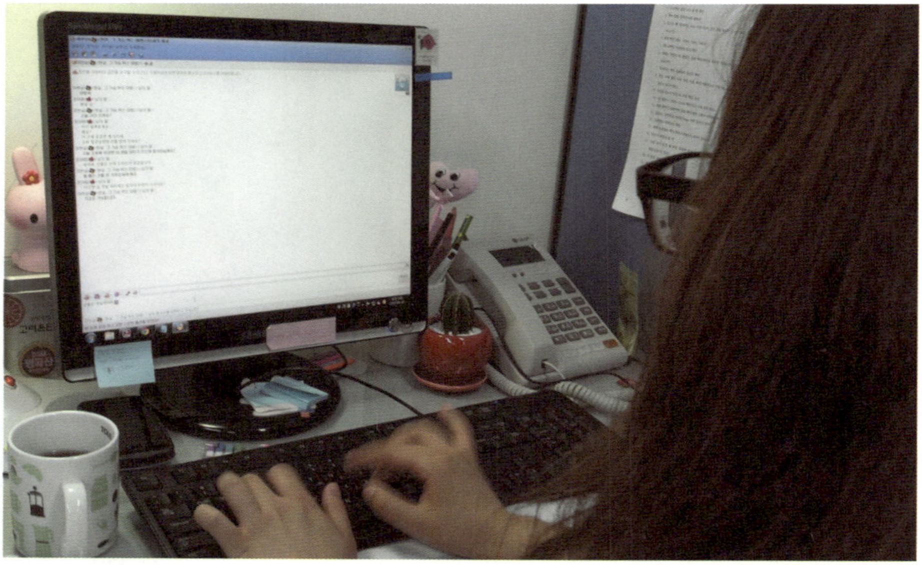

인터넷 채팅을 하는 모습.

받아 볼 수 있지요. 전 세계 어디에서든 채팅을 하면서 이야기할 수도 있습니다. 채팅은 인터넷에 접속하여 글로 서로 대화하는 일을 말해요. 요즘에는 인터넷에서 음성 채팅, 화상 채팅도 할 수 있어서 마치 전화기를 사용할 때처럼 이야기를 나눌 수 있습니다. 또 인터넷으로는 온라인 게임도 즐길 수 있고, 쇼핑도 할 수 있지요.

www의 등장

컴퓨터를 통해 이 모든 일을 하기 위해서는 먼저 그런 기능을 제공해 주는 인터넷 사이트에 접속해야 합니다. 책의 정보를 얻고 싶다면 도서관 사이트에 접속해야 하듯이 말이지요. 그런데 이 사이트의 주소에는 공통점이 있습니다. 사이트 주소 앞에 www가 붙는다는 점입니다. www는 월드와이드웹(world wide web)의 약자입니다. 세상을 연결하는 넓은 망이라는 뜻이에요. 많은 사람이 www가 인터넷이라고 생각할 정도로 이 용어는 우리 생활에서 많이 쓰이고 있어요. 하지만 www는 인터넷망의 일부일 뿐입니다. 사용 방법이 어려웠던 인터넷은 www가 발명되면서 누구나 쉽게 사용할 수 있게 되었습니다.

이젠 인터넷에서 사진이나 동영상까지 모든 작업을 할 수 있다.

www는 어떻게 발명되었을까요? 1989년에 유럽입자물리연구소에서 유럽 각지에 흩어진 물리학자들의 연구 결과와 정보

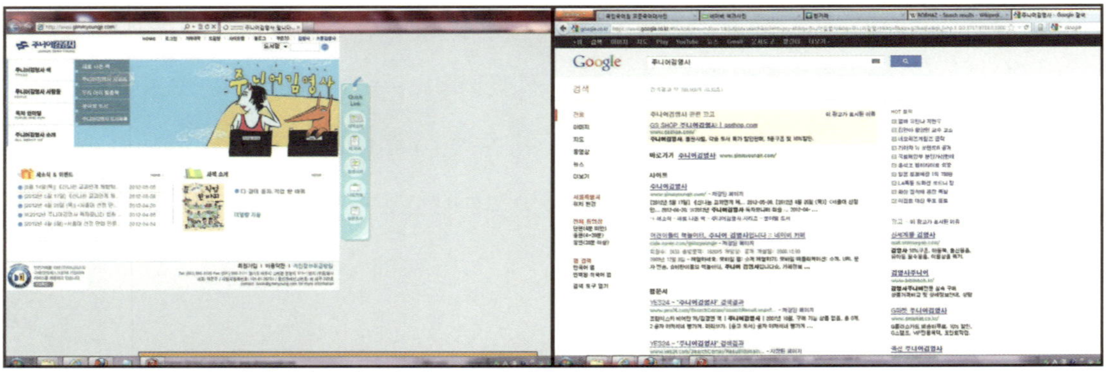

WWW를 이용하기 위한 브라우저 익스플로러(왼쪽)와 파이어폭스(오른쪽).

를 좀 더 쉽게 공유하기 위하여 개발하기 시작했습니다. 처음에는 글만 주고받을 계획으로 시작했지만 많은 사람이 관심을 갖자 급속히 성장하여, 이제는 사진에서 동영상까지 다룰 수 있게 되었습니다.

이 www를 사용하기 위해서는 브라우저라고 불리는 프로그램이 필요합니다. 우리가 가장 많이 쓰는 브라우저로는 익스플로러가 있어요. 익스플로러와 같은 프로그램이 있어야 인터넷을 사용할 수 있습니다. 그 밖에 넷스케이프, 파이어폭스 등과 같은 브라우저 프로그램도 있습니다.

TIP 요건 몰랐지?

컴퓨터 바이러스

컴퓨터 바이러스라는 말을 들어 본 적이 있지요? 바이러스는 세균이라는 뜻입니다. 컴퓨터가 바이러스에 걸리면 프로그램의 속도가 많이 느려지거나, 아예 컴퓨터가 켜지지 않기도 합니다. 우리가 감기에 걸리듯 컴퓨터도 세균에 감염될까요?

컴퓨터 바이러스는 살아 있는 세균이 아니라 일종의 프로그램입니다. 하지만 일반 프로그램과는 다르게 컴퓨터에 좋지 않은 영향을 주는 프로그램이에요. 한 명이 감기에 걸리면 그 세균이 옮겨 다니면서 다른 사람도 감기에 걸리게 되듯이, 이 프로그램이 세균처럼 컴퓨터를 옮겨 다니면서 문제를 일으키므로 바이러스라고 불리게 되었습니다.

이 바이러스는 어떻게 생길까요? 나쁜 의도를 가진 사람이 프로그래밍합니다. 바이러스를 퍼뜨려서 컴퓨터 안에 저장된 개인 정보를 빼 가거나 컴퓨터를 망가뜨립니다. 이런 바이러스에 걸리지 않게 하기 위해서는 백신 프로그램을 설치하는 것이 좋습니다. 어떤 사람들은 바이러스를 퍼트린 다음 자기들이 만든 백신 프로그램을 판매하기도 합니다. 처음부터 바이러스에 걸리지 않도록 조심하는 것이 가장 좋은 방법입니다.

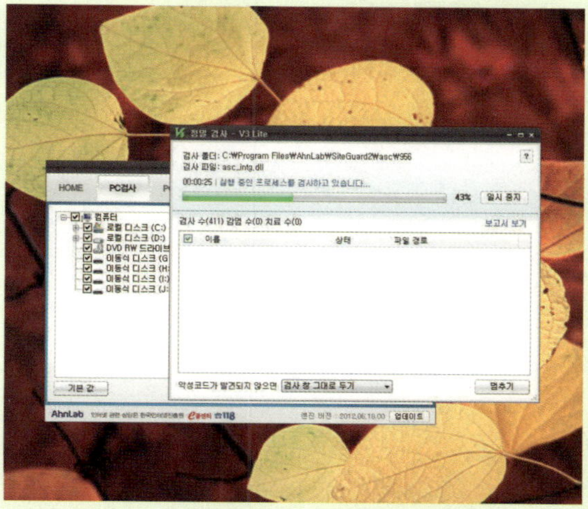

컴퓨터가 바이러스에 감염되었는지 백신 프로그램으로 검사하고 있다.

Q&A 꼭 알고 넘어가자!

문제 1 정보 산업이란 무엇일까요?

문제 2 정보 산업의 장점과 단점에 대해 말해 보세요.

가 있느냐 없느냐에 따라 정보를 얻을 수 있는 사람과 아닌 사람으로 나뉘게 되었습니다.

3. 인터넷은 '사이'라는 뜻의 '인터(inter)'와 '네트워크(network)'가 더해져 생긴 말로서 통신망과 통신망 사이라는 뜻입니다. 컴퓨터들끼리 연결되어 있는 컴퓨터 통신 네트워크라고 생각할 수 있습니다.

4. www는 월드와이드웹(world wide web)의 약자입니다. 세상을 연결하는 넓은 망이라는 뜻이에요. www는 인터넷망의 일부로서 www가 발명되면서 사용법이 어려웠던 인터넷을 쉽게 사용할 수 있게 되었어요. 이 www를 사용하기 위해서는 익스플로러, 파이어폭스 등과 같은 브라우저 프로그램이 필요합니다.

문제 3 인터넷이란 무엇인가요?

문제 4 인터넷 사이트 주소에는 모두 www가 붙습니다. 이 www는 무엇을 의미할까요?

정답

1. 현대는 정보가 중요한 사회입니다. 정보가 큰돈을 벌게 해 줄 수도, 생명을 지켜 줄 수도, 더 나은 생활을 누리게 해 줄 수도 있기 때문입니다. 이처럼 정보의 생산, 수집, 가공, 유통 전달 등 정보의 관한 사항을 다루는 산업을 정보 산업이라고 합니다.

2. 정보를 얻기 위해 직접 찾아가 자료를 찾지 않아도 되며, 일기 예보나 교통 정보와 같은 다양한 정보를 쉽고 빠르게 얻을 수 있도록 해 주는 것이 장점입니다. 단점으로는 남을 쉽게 욕하고 사생활을 침해할 수 있게 되었다는 점입니다. 또 어린이들이 음란물 등 해로운 정보를 접하기가 훨씬 쉬워졌을 뿐 아니라 컴퓨터

관련 교과

초등 과학 5학년 2학기 8. 에너지
초등 실과 6학년 1학기 2. 인터넷과 정보

2. 컴퓨터의 모든 것

정보 산업의 기본이 되는 컴퓨터는 이제 우리 생활 속에 깊숙하게 들어왔습니다. 컴퓨터 없는 생활을 하기 힘들 정도이지요. 이렇게 우리와 떼려야 뗄 수 없는 컴퓨터는 어떻게 개발되었을까요? 처음부터 지금처럼 작고 편리했을까요? 컴퓨터의 모든 것에 대해 함께 알아보아요.

컴퓨터의 역사

컴퓨터의 시작은 계산기

좀 더 편리한 생활을 하기 위하여 발명된 컴퓨터는 이제 생활 속에서 쓰이지 않는 곳이 없습니다. 일상생활에서 광범위한 부분을 차지하고 있기 때문에 많은 사람은 컴퓨터를 능숙하게 다룰 수 있어요. 하지만 컴퓨터가 처음부터 지금 해내는 모든 일을 다 할 수 있었을까요? 그렇지 않습니다.

컴퓨터(computer)는 계산하다라는 뜻의 단어 컴퓨트(compute)에서 나온 말입니다. 이 단어에 'er'을 붙이면 계산하는 사람이나 기계라는 뜻이 생깁니다. 처음에는 컴퓨터가 계산기 역할 정도만 할 수 있었기 때문에 이런 이름이 붙었어요. 컴퓨터는 계산기라는 단순한 기계에서 출발했답니다.

계산 방법의 역사

사람들은 어떻게 하면 계산을 빠르고 쉽게 할 수 있을까 고민했어요. 처음에는 손가락으로 계산하다가 그 뒤에는 그림으로 그리거나 숫자를 쓰면서 계산했습니다. 중국에서는 셈을 돕는 도구인 주판을 발명했어요. 이후에도 셈을 하는 방법은 차츰 발전을 거듭했어요. 지금과 같이 계산기를 쓸 수 있게 물꼬를 튼 것은 파스칼이 발

블레즈 파스칼
Blaise Pascal, 1623~1662

파스칼은 프랑스의 사상가이자 수학자, 물리학자예요. 1642년에 계산기를 발명하였어요. 이 계산기는 덧셈과 뺄셈만 할 수 있었습니다.

명한 기계식 계산기입니다. 이것을 시작으로 계산기는 점점 더 발전해 나갔습니다.

최초의 자동 계산 기계

1944년에 미국 하버드 대학교의 하워드 에이컨 교수가 최초의 자동 계산 기계를 발명해 냈어요. 5년이 걸려 완성된 이 계산기는 길이가 16m에 높이가 2.4m 정도였으며, 진공관 100만 개를 사용하여 만든 크고 복잡한 기계였습니다.

진공관이 무엇인지 궁금하지요? 진공관은 유리나 금속으로 만든 용기에 몇 개의 전극을 넣고서 단단하게 봉한 다음 내부를 높은 진공상태로 만든 전자관입니다. 트랜지스터가 나오기 전까지 전자 제

하워드 에이컨
Howard Aiken, 1900~1973

1944년에 최초의 자동 계산 기계인 '마크 1'을 발명했어요. 마크 1 덕분에 컴퓨터가 발명될 수 있었습니다.

에니악.

품에는 주로 진공관이 쓰였어요. 하지만 현재는 진공관을 만드는 곳이 적어서 특수 부품이 되었습니다. 이처럼 많은 진공관으로 만들어진 이 기계의 이름은 '마크 1' 이에요. 마크 1은 네 명의 전문가가 3주 동안 풀 수 있는 문제를 열아홉 시간이면 풀 수 있을 만큼의 성능을 지닌 기계였습니다.

에니악에서 유니박까지

1946년에는 계산기가 아닌, 컴퓨터로 불리기 시작한 '에니악' 이 발명되었습니다. 에니악은 진공관 1만 7,460개로 만들어진 컴퓨터로서 무게는 30t 정도에 길이 26m, 높이 2.6m, 두께 0.9m 크기의 기계였어요. 몸집이 무척 크지만 계산은 재빠르게 해냈답니다. 더하기 빼기는 초마다 5,000번 정도 할 수 있었어요. 그래서 일반 계산기로 약 20분이 걸리는 계산을 에니악은 10초 안에 처리할 수 있었지요. 정말 엄청난 속도지요?

스위치를 다
빼 버려라! 계산기
프로그램을 넣어 줄 테니.
와! 사람들이 좀 더
편하게 쓸 수 있겠지?
노이만
에니악

하지만 에니악은 부피가 너무 크고, 많은 전기에너지가 필요하며, 계산할 때는 6,000개 정도의 스위치를 이용해야 했습니다. 더하기 스위치, 빼기 스위치, 나누기 스위치 등 여러 가지 스위치가 있어서 어떤 계산을 하느냐에 따라 제각각의 스위치를 눌러야 했습니다. 계산할 때마다 스위치를 다시 누르고 또 바꾸어 눌러야 했다니, 무척 불편했을 거예요.

그래서 요한 폰 노이만 교수는 컴퓨터 안에 프로그램을 저장시키는 방법을 제안하였어요. 스위치로 계산하는 것이 아니라 컴퓨터 안에 여러 가지 계산법을 저장해 놓는 방법이지요. 마치 현재의 컴퓨터처럼 말이에요. 지금의 컴퓨터에서는 계산기 프로그램을 열고, 숫자를 넣고서 간단한 조작만 하면 계산 값을 얻을 수 있잖아요.

이 방법을 이용해서 노이만은 1949년경 '에드박'을 완성했습니다. 1951년에는 최초의 상업용 컴퓨터인 '유니박'이 등장했어요.

진공관에서 반도체까지

진공관.

진공관은 1904년 영국의 과학자 존 플레밍이 처음으로 발명했습니다. 통신 기술은 거리가 멀어질수록 세기가 약해진다는 단점이 있었어요. 진공관이 바로 통신 신호를 증폭해 주는 역할을 합니다. 가령 서로의 말소리가 들리지 않을 만큼 멀리 떨어진 두 사람 사이에서 또 다른 한 사람이 중간에서 이쪽의 말을 저쪽으로 전달해 주는 역할을 하는 것과 같습니다. 전류의 방향이 바뀌는 현상을 막아 한 방향으로 흐르게 하고, 신호를 높여 주는 것이 진공관의 역할입니다.

진공관은 유리관 속을 진공상태로 만들고, 그 안에 필라멘트를 넣어서 전기신호를 보냅니다. 그러면 처음 받았던 전기신호보다 훨씬 큰 힘을 낼 수 있어요. 우리가 집 안에서 편안히 앉아 텔레비전을 보고 라디오를 들을 수 있는 것도 이 진공관 덕분입니다. 진공관은 방송국에서 오는 신호가 중간에 사라지지 않도록 신호를 증폭해 주고, 녹음 기술 발달에도 많은 영향을 끼쳤습니다.

하지만 진공관도 완벽하지는 않았어요. 전기신호를 세게 해 주는 대신 유리관 안의 필라멘트가 잘 끊어져 쉽게 고장났습니다. 많은 전류가 흐르면 필라멘트는 잘 녹아 버리거든요.

진공관 이후에 개발된 것이 트랜지스터입니다. 1947년 미국 벨 연구소의 존 바딘, 윌리엄 쇼클리, 월터 브래튼에 의해 처음으로 트랜지스터가 발명되었어요. 트랜지스터는 종류

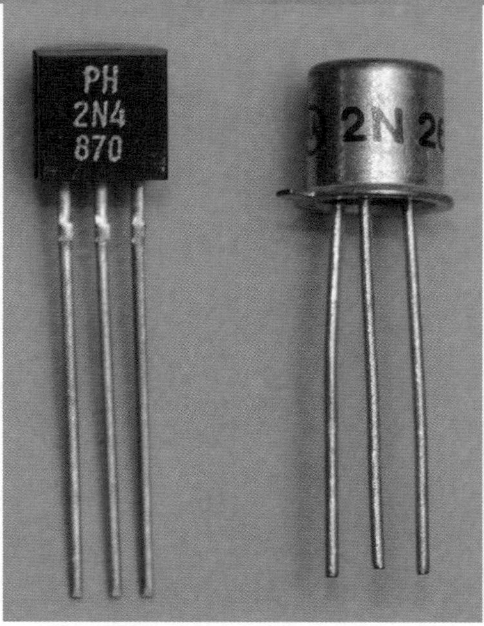

트랜지스터.

집적회로.

가 다른 반도체를 세 겹으로 붙여서 전류나 전압의 흐름을 조절하고 증폭하는 역할을 합니다. 작은 신호로 큰 신호를 제어하는 증폭 작용을 하는 것이지요. 가볍고 적은 양의 전기만 있으면 작동되므로 많은 기계에 이용되었습니다.

하지만 트랜지스터도 단점이 있었습니다. 전기 제품에는 여러 개의 트랜지스터가 필요했기 때문에 전자 제품의 크기가 커졌습니다. 또한 하나의 전기 제품에 들어간 여러 트랜지스터 중 한 개만 고장 나도 모든 트랜지스터가 망가져 버렸어요. 그래서 등장한 것이 집적회로입니다.

집적회로는 몇천 개 이상의 반도체를 모아서 한 덩어리로 만든 것이며, 이렇게 만든 집적회로를 하나로 모아 만든 것이 반도체 칩입니다. 진공관에서 반도체 칩까지 기술이 발달하면서 컴퓨터도 점점 작아지고, 많은 기능을 갖게 되었습니다

여러 가지 컴퓨터

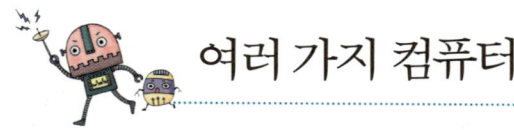

앞에서 컴퓨터가 발달하게 된 배경을 살펴보았어요. 그런데 이런 컴퓨터들을 분류하는 방법이 따로 있다는 사실을 알고 있나요? 컴퓨터를 분류하는 세 가지 방법에 대해 함께 살펴보아요.

시간에 따른 분류

첫 번째로 알아볼 컴퓨터 분류법은 세대별로 나누는 방법입니다. 컴퓨터의 발달을 시간의 순서에 따라 분류하는 방법이지요. 흔히 제1세대부터 제5세대까지로 나눕니다. 제1세대는 1946년부터 1957년까지 진공관을 이용하여 만든 컴퓨터입니다. 이때는 계산이나 통계, 집계 같은 비교적 간단한 작업을 하는 데에만 컴퓨터가 쓰였습니다. 컴퓨터의 부피가 너무 크고, 속도가 매우 느리다는 단점이 있었지요.

제2세대는 1957년부터 1964년까지 쓰던 컴퓨터를 말해요. 진공관에 이어 트랜지스터가 발명되면서 제1세대에 비해 속도가 매우 빨라졌습니다. 그래서 같은 시간 동안 훨씬 더 많은 일을 할 수 있게 되었어요. 게다가 가격도 훨씬 저렴해졌답니다.

제3세대는 1964년부터 1971년까지 쓰던 컴퓨터를 말합니다. 이때는 직접회로라고 불리는 IC회로가 개발되었어요. IC회로의 개발로 제2세대에

최초의 개인용 컴퓨터 가운데 하나.

공장에서는 초고밀도 집적회로를 이용한 로봇이 실제로 쓰인다. ⓒ jurvetson@flickr.com

비해 훨씬 더 많은 양의 일을 빠르게 처리할 수 있었습니다. 또 모니터 같은 주변기기의 사용이 증가하고, 크고 작은 컴퓨터들이 많이 개발되었습니다.

제4세대 컴퓨터는 1970년대에서 1980년대에 쓰이던 컴퓨터를 말합니다. 고밀도 집적회로라는 하나의 회로에 여러 가지 기능을 집어넣는 방법이 개발되었어요. 지우개와 연필을 따로 가지고 다니면 부피가 크고 불편하여 지우개가 달린 연필이 개발되었듯이, 회로 하나에 여러 개의 칩을 집어넣은 것을 말해요. 고밀도 직접회로가 개발되면서 컴퓨터의 크기는 더 작아졌습니다. 또한 속도도 빠르고, 메모리 용량도 훨씬 커졌답니다.

주변기기

중앙처리장치에 연결되어 제어받는 장치를 말합니다. 키보드와 같은 입력장치, 모니터와 프린터 같은 출력장치, 하드디스크와 같은 보조기억장치 등을 통틀어 일컫는 말입니다. 주변장치라고도 해요.

마지막으로 제5세대 컴퓨터는 1990년대의 다양한 정보 처리 요구에 대

응하기 위해 개발된 컴퓨터를 말해요. 제4세대에서 개발된 고밀도 직접회로를 더 정밀하게 만들어서 초고밀도 집적회로라는 것을 개발했습니다. 자동차 공장 등과 같은 곳에서는 정밀한 작업이 필요할 때 로봇을 사용하여 일을 하기도 하는데, 이때 쓰이는 로봇에 초고밀도 직접회로가 들어가요.

초고밀도 집적회로가 개발되어 아주 작은 크기의 컴퓨터도 만들 수 있게 되었답니다. 그동안 컴퓨터의 크기가 차츰 줄어들었지만 현대에는 들고 다녀도 무겁지 않은 매우 작은 컴퓨터들이 나오고 있습니다. 그리고 앞으로 크기가 더 줄어들 예정이에요. 미래에는 우리가 상상하지 못할 컴퓨터들이 등장할 것입니다.

사용 목적에 따른 분류

컴퓨터는 사용 목적에 따라서도 분류할 수 있습니다. 과학 기술이나 계산, 사무 처리 같은 모든 분야에서 여러모로 쓸 수 있는 컴퓨터를 범용 컴퓨터라고 해요. 보통 사무실이나 주변의 상점에서 볼 수 있는 컴퓨터를 말하지요. 예를 들어 음식점의 컴퓨터를 생각해 보아요. 음식점의 컴퓨터는 손님이 먹은 음식 값을 계산하고 결제할 수 있습니다. 또 음식 재료들이 얼마큼 들어오고 나갔는지를 확인해요. 요즘은 마일리지 제도를 도입해서 손님들이 방문한 횟수를 기억해 혜택을 주는 데도 쓰입니다. 이처럼 한 가지 일만이 아니라 계산부터 사무 처리까지 모두 쓰일 수 있는 컴퓨터를 범용 컴퓨터라고 합니다.

이와 다르게 특수한 목적을 위하여 제작된 컴퓨터도 있어요. 예를 들면, 자동차를 만드는 로봇을 조종할 컴퓨터라든가, 우주선을 쏘아 올리고 다루어야 할 컴퓨터는 여러 일이 아니라 중요한 일 한 가지만을 세밀하게 해야

개인용 컴퓨터.

겠지요. 이처럼 특수 분야에 맞는 적합한 프로그램을 넣어서 일에만 쓰는 컴퓨터를 전용 컴퓨터라고 합니다.

마지막으로 개인용 컴퓨터가 있습니다. 우리가 집에서 쓰는 컴퓨터를 말하지요. 개인 사무 처리나 교육, 게임 등을 하는 데 쓰이는 컴퓨터로, 다른 컴퓨터들보다 작고 가격도 비싸지 않습니다. 사용 방법도 간편해서 누구나 쉽게 쓰도록 만들어진 것이 개인용 컴퓨터입니다.

크기에 따른 분류

많은 양의 데이터를 초고속으로 처리하는 컴퓨터를 슈퍼컴퓨터라고 해요. 크기가 가장 큰 슈퍼컴퓨터는 덩치에 맞게 처리 속도도 제일 빠릅니다. 하지만 값이 너무 비싸기 때문에 석유를 탐사하거나 일기 예보를 계산할 때에만 쓰여요.

슈퍼컴퓨터. ⓒ Cesvima@the Wikimedia Commons

그다음으로 큰 컴퓨터로는 메인프레임이라고 불리는 대형컴퓨터입니다. 이 컴퓨터는 슈퍼컴퓨터만큼은 아니지만 성능이 매우 우수해서 여러 명이 동시에 이용할 수 있는 컴퓨터입니다. 큰 회사나 시청 같은 정부 기관, 은행 같은 곳에서 사용하기에 적합해요.

작은 컴퓨터도 살펴볼까요? 우선 미니컴퓨터가 있습니다. 미니컴퓨터는 대형 컴퓨터와 같은 용도로 쓸 수 있어요. 부피가 작아 좁은 공간에서도 사용할 수 있고 가격이 저렴하다는 장점이 있습니다. 성능은 보통 대형컴퓨터보다 낮은 편입니다. 하지만 크기는 작아도 대형컴퓨터만큼의 성능을 가진 슈퍼 미니컴퓨터도 있답

연산장치

중앙처리장치에서 산술과 논리를 맡는 장치입니다. 연산장치에서 처리된 결과는 입출력장치, 기억장치와 연결되어 기능을 마무리합니다.

제어장치

중앙처리장치를 구성하는 부분의 하나입니다. 기억장치에 있는 명령을 차례대로 해독하고 필요한 신호를 보내 각 장치의 동작을 지시하는 역할을 합니다.

마이크로컴퓨터. © Penn State College of Engineering@flickr.com

소프트웨어

컴퓨터 프로그램과 그와 관련된 문서를 모두 가리키는 말입니다. 컴퓨터를 관리하는 시스템 프로그램과 문제를 해결하는 데에 이용되는 다양한 형태의 응용 프로그램으로 나뉩니다.

니다.

가장 작은 컴퓨터는 마이크로컴퓨터입니다. 마이크로컴퓨터는 마이크로프로세서를 사용하여 만든 컴퓨터입니다. 마이크로프로세서란 컴퓨터에 필요한 여러 연산장치와 제어장치를 한 개의 작은 칩 안에 모아 놓은 것입니다. 중앙처리장치가 하나의 칩에 들어가 있으므로 컴퓨터를 아주 작게 만들 수 있지요. 따라서 가볍고, 저렴하며, 운반하기도 쉽습니다. 또 여러 소프트웨어에도 이용할 수 있어요.

너 무척 작구나.
이렇게 작은데도 컴퓨터라고 할 수 있어?
그럼. 이 작은 몸속에도 필요한 건 다 들어있다고.
대형컴퓨터
마이크로컴퓨터

TIP 요건 몰랐지?

마이크로프로세서

마이크로프로세서는 컴퓨터의 뇌라고 할 수 있습니다. 명령을 해석하고 실행하는 기능을 하지요. 예를 들어 우리가 계산기를 쓰면 그 계산식을 해석하고 실행하는 것과 같습니다. 또 여러 가지 장치들을 연결해 주는 역할도 해요. 신호를 받아 계산을 해서 우리에게 보여 주거나, 컴퓨터 안의 기억장치에 저장하도록 하는 기능을 동시에 처리해 준답니다.

마이크로프로세서가 발명된 이후로 흩어져 있던 여러 장치를 하나로 모아 줌으로써 컴퓨터의 크기가 점점 작아질 수 있었고, 더 좋은 컴퓨터가 개발되었습니다. 지금도 더 작고 정밀한 컴퓨터를 만들기 위하여 많은 곳에서 연구가 이루어지고 있어요.

마이크로프로세서.

컴퓨터의 구성

겉으로 보기에 컴퓨터는 단순한 구조인 듯합니다. 하지만 컴퓨터는 몹시 복잡한 프로그램들로 이루어져 있습니다. 컴퓨터가 어떻게 작동하는지 궁금하지요?

하드웨어

컴퓨터는 크게 하드웨어와 소프트웨어로 구성되어 있습니다. 우리 몸과 같이 손으로 만질 수 있는 본체의 구성 장치를 하드웨어라고 해요. 또 정신과 마음같이 손으로 잡을 수 없는 프로그램을 소프트웨어라고 하지요. 이 두 가지가 어떻게 어우러져 컴퓨터를 이룰까요?

하드웨어는 하나의 장치입니다. 우리 집에 있는 컴퓨터를 생각해 보세요. 어떤 장치가 있나요? 먼저 정보를 보여 주는 모니터가 있습니다. 본체도 있고요. 키보드와 마우스도 있습니다. 이렇게 컴퓨터가 일을 하기 위해서는 여러 장치가 필요합니다. 컴퓨터에게 필요한 5대 기능 장치로는 입력장치, 출력장치, 기억장치, 제어장치, 연산장치가 있어요.

입력장치는 컴퓨터에 정보를 입력해 주는 장치입니다. 컴퓨터와 사람이 정보를 입력하거나 계산 값을 받기 위해서는 서로의 언어를 전해 주는 장치가 필요해요. 컴퓨터와 사람은 쓰는 언어가 서로 다르기 때문에 사람이

쓴 문자나 기호 같은 정보를 컴퓨터가 이해할 수 있는 신호로 바꾸어 주는 일을 하는 것이 바로 입력장치입니다. 대표적인 입력장치로는 키보드와 마우스, 게임할 때 사용하는 조이스틱 등이 있습니다.

출력장치는 컴퓨터가 한 일을 우리에게 보여 주는 장치를 말합니다. 모니터, 스피커, 프린터가 출력장치에 속해요. 모니터는 컴퓨터가 한 일을 우리가 볼 수 있게 시각적으로 표현해 줍니다. 스피커는 청각 자료를 들려

입력장치 가운데 하나인 마우스.

주지요. 만약에 출력장치가 없어서 컴퓨터가 한 일을 우리가 보거나 들을 수 없다면 컴퓨터를 사용할 이유가 없을 거예요.

제어장치는 정보를 각각 필요한 곳에 보내 주는 일을 합니다. 시각 자료는 모니터로, 청각 자료는 스피커로 보내 주는 일을 하지요. 연산장치는 계산을 하거나 프로그램을 실행하는 일을 해요. 요즘의 컴퓨터는 많은 일을 하지만 맨 처음에는 계산만을 위하여 만들어졌습니다. 이런 일을 하는 장치가 연산장치입니다. 이 제어장치와 연산장치를 합쳐서 중앙처리장치라고 하며, 다른 말로 CPU라고 합니다. 우리 몸과 비교해 보자면 뇌가 중앙처리장치의 일을 담당합니다.

기억장치는 정보나 자료를 저장하고 있다가 필요할 때 저장했던 내용을 꺼내어 사용할 수 있도록 해 주는 장치입니다. 컴퓨터의 기억장치로는 주기억장치, 보조기억장치가 있어요. 이 중 주기억장치는 또다시 램과 롬으로 나눌 수 있습니다. 램은 정보가 어디에 저장되어 있든지 정보 내용을 빠르게 읽고 쓸 수 있는 기억장치입니다. 하지만 컴퓨터 전원을 끄면 기억했던 내용을 모두 잊어버린다는 단점이 있어요. 이와 반대로 롬은 기록된 내용을 읽을 수만 있고 바꿀 수는 없답니다. 그러나 컴퓨터 전원이 꺼져도 기억을 잃지 않는다는 장점이 있습니다. 그래서 컴퓨터가 기본적으로 알고 있어야 하는 프로그램들을 기억하는 데 쓰여요.

보조기억장치의 하나인 USB 플래시 드라이브.

보조기억장치는 무엇일까

요? 컴퓨터의 주기억장치인 램과 롬은 기억할 수 있는 양이 적은 편입니다. 사람이 세계의 역사를 모두 기억하지 못하듯이 말이지요. 그렇기 때문에 많은 양의 자료나 프로그램을 저장해 두었다가 필요할 때 꺼내 보기 위하여 만든 외부기억장치를 보조기억장치라고 합니다. 보조기억장치의 종류로는 여러분이 흔히 접할 수 있는 CD, DVD, 컴퓨터 안에 있는 하드디스크, 크기가 작고 가벼워 들고 다니기 편한 USB 플래시 드라이브 등이 있습니다.

소프트웨어

하드웨어가 다 갖추어졌다고 해서 컴퓨터가 모든 일을 할 수는 없습니다. 소프트웨어라고 불리는 프로그램이 있어야 일을 할 수 있어요. 운전 기술이 있는 사람만이 자동차를 운전할 수 있듯이, 컴퓨터도 소프트웨어가 지시하고 관리해 주어야 제대로 작동될 수 있답니다.

소프트웨어는 크게 두 가지로 분류됩니다. 컴퓨터의 기본적인 부분을 다루고 관리하는 시스템소프트웨어와 사용자에 맞게 개발된 응용소프트웨어입니다. 시스템소프트웨어는 컴퓨터를 작동시키고 효율적으로 사용하기 위해 만든 프로그램입니다. 윈도 같은 운영체제, 언어 프로그램 같은 것이 시스템소프트웨어에 속합니다. 우리가 컴퓨터를 편리하게 쓸 수 있도록 도와주는 프로그램이지요.

응용소프트웨어는 사용자가 원하는 어떤 특수한 목적의 일을 하기 위하여 만든 프로그램입니다. 우리가 문서를 작성할 때 사용하는 여러 가지 프로그램들, 광고 계획 문서를 쉽게 만들도록 도와주는 프로그램, 통신이나 게임 프로그램 등이 여기에 속해요. 이런 프로그램들은 우리가 복잡하고

윈도와 같은 운영체제는 시스템소프트웨어에 속한다. ⓒ mrpstr@flickr.com

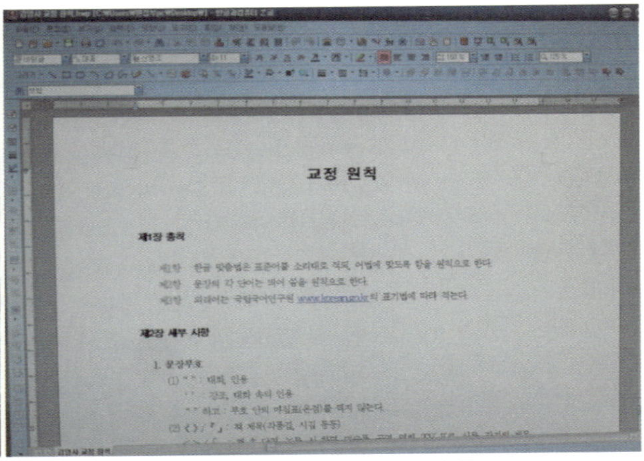

한글이나 파워포인트 같은 프로그램은 응용소프트웨어에 속한다.

어려운 일을 편리하고도 빨리 처리할 수 있도록 도와줍니다.

요즘 응용 프로그램들을 불법으로 다운로드하여 사용하는 사람이 많습니다. 하지만 불법 다운로드는 프로그램을 개발하고 유통한 사람에게 피해를 줍니다. 정당한 방법으로 프로그램을 구입해 사용해야겠지요.

TIP 요건 몰랐지?

키보드 자판 배열 순서

키보드의 자음과 모음의 순서를 외우기는 쉽지 않습니다. 자모의 순서가 우리에게는 익숙하지 않기 때문이지요. 왜 'ㅂ' 다음에 'ㅈ'이 올까요? 'ㄱ'부터 'ㅎ'까지, 'ㅏ'부터 'ㅣ'까지 순서대로 놓았다면 더 쉽게 외우지 않았을까요?

하지만 그렇게 순서대로 만들었다면 지금처럼 빠른 속도로 키보드를 치지 못했을 거예요. 만약 순서대로 쭉 늘어놓은 모양의 키보드를 사용했더라면 타자를 칠 때마다 바로 옆 버튼을 누르는 경우가 많아져서 손가락이 자꾸 꼬이게 될 것입니다. 그래서 가장 자주 쓰는 자음과 모음부터 바깥쪽에 놓고, 그다음에 쓰는 것들을 안쪽으로 배열한 것이 지금의 키보드입니다. 그렇게 해야 겹치지 않아서 조금 더 빠르고 편하게 키보드를 사용할 수 있습니다.

자주 쓰는 자판부터 바깥쪽에 배열한 키보드.

Q&A 꼭 알고 넘어가자!

문제 1 컴퓨터는 '계산하다'의 뜻이 포함된 단어입니다. 왜 컴퓨터는 이러한 이름을 갖게 되었을까요?

문제 2 사용 목적에 따라 컴퓨터를 분류하는 방법 가운데 전용 컴퓨터는 어떤 컴퓨터를 말하나요?

3. 기억장치는 정보나 자료를 저장하고 있다가 필요할 때 저장했던 내용을 꺼내어 사용할 수 있도록 해 주는 장치입니다. 컴퓨터의 기억장치로는 주기억장치, 보조기억장치가 있어요. 이 중 주기억장치는 또다시 램과 롬으로 나뉘고, 보조기억장치에는 하드디스크, USB 플래시 디스크, CD 등이 있습니다.

문제 3 컴퓨터의 하드웨어 가운데 기억장치란 무엇인가요?

정답

1. 컴퓨터(computer)는 '계산하다' 라는 뜻을 지닌 컴퓨트(compute)에서 온 말입니다. 이 단어에 'er' 을 붙이면 계산하는 사람이나 계산하는 기계라는 뜻이 됩니다. 처음에는 컴퓨터가 계산기 역할 정도만 할 수 있었기 때문에 이런 이름이 붙었어요.

2. 특수한 목적을 위하여 제작된 컴퓨터를 말합니다. 예를 들면 자동차를 만드는 로봇을 조종할 컴퓨터라든가, 우주선을 쏘아 올리고 다루어야 할 컴퓨터처럼 특수한 분야에만 쓰이는 컴퓨터를 전용 컴퓨터라고 합니다.

관련 교과

초등 과학 5학년 1학기 1. 지구와 달
초등 실과 6학년 1학기 2. 인터넷과 정보
중학교 과학 2학년 6. 태양계

3. 유비쿼터스

옛말에 "10년이면 강산도 변한다"라는 말이 있습니다. 그런데 지금은 기술이 발달하면서 하루가 멀다 하고 엄청난 속도로 세상이 변하고 있어요. 휴대전화가 발명되자 곧 컬러 휴대전화가 등장했고, 곧이어 사진기와 인터넷 기능 등을 갖춘 휴대전화가 나왔습니다. 앞으로는 세상이 어떤 속도로 어떻게 변하게 될까요?

유비쿼터스란 무엇일까요?

유비쿼터스의 뜻

유비쿼터스라는 말을 들으면 얼핏 무척 다루기 어려운 기계가 떠오르지요? 하지만 유비쿼터스는 절대 어려운 것이 아닙니다. 벌써 여러분은 유비쿼터스를 체험하고 있거든요.

유비쿼터스라는 말은 '언제 어디에서나 존재한다'라는 뜻의 라틴어입니다. 과연 어떤 것이 언제 어디에서나 존재한다는 뜻일까요? 바로 컴퓨터와

이동하면서도 휴대전화를 통해 네트워크에 접속하는 모습.

네트워크를 말합니다. 컴퓨터와 네트워크가 언제 어디에서나 존재한다면, 우리는 '컴퓨터로 네트워크에 접속해 볼까?' 라는 의식 없이 언제 어디에서나 네트워크에 접속할 수 있을 거예요. 이런 환경을 유비쿼터스 환경이라고 합니다.

우리가 사는 세상은 점점 유비쿼터스 환경 덕분에 편리하게 바뀌고 있어요. 사람들이 조금이라도 더 편리하게 생활할 수 있도록 여기저기에 작은 컴퓨터들이 설치되고 있거든요. 우리가 느끼지 못하는 사이에 이미 컴퓨터 시스템을 사용하고 있습니다.

유비쿼터스와 전자태크

눈치채지 못 하도록 모든 곳에 컴퓨터가 쓰이려면 도대체 얼마나 많이 설치되어 있어야 할까요? 우리가 지금 사용하고 있는 컴퓨터를 생각해 보세요. 크기가 좀 크지요? 요즘은 작은 컴퓨터도 많이 나오지만 그렇다고 해서 여기저기 설치될 만큼 작지는 않아요. 그래서 전자태그를 개발했습니다. 전자태그란 전파를 이용한 칩입니다. 전파는 전자기파의 한 종류로, 파동을 가리킵니다. 텔레비전이나 라디오도 파동의 신호가 도착해야 보고 들을 수 있어요. 다리를 다치면 병원에 가서 엑스레이 사진을 찍지요? 이렇게 엑스레이 사진을 찍을 때도 전자기파에 속하는 파동을 이용한답니다. 전자태그는 전파를 계속해서 내보낼 수 있도록 해 주고, 우리는 그 전파를 읽을 수 있는 기계(리더기)를 설치해서 각각 용도에 맞게 쓰면 됩니다.

전자기파

파동의 한 가지입니다. 파동은 에너지가 주기적으로 퍼져 나가는 현상을 말해요. 잔잔한 물에 돌을 던지면 모양이 생기면서 물결이 퍼져 나가지요? 그와 같은 것을 파동이라 한답니다. 그중 전자기파는 공기가 없는 곳에서도 퍼져 나가는 파동을 말하며 빛, 전파, 라디오파 같은 것이 이에 속합니다.

미리 돈을 충전하여 쓰는 교통 카드를 사용해 본 적이 있나요? 교통 카드가 전자태그 기술이 들어간 대표적인 예입니다. 교통 카드는 그 안에 돈의 정보를 가지고 있어서, 우리가 리더기에 카드를 가져다 대면 충전되어 있던 돈에서 일정 금액이 빠져나가게 됩니다. 이처럼 전자태그는 어떠한 정보를 저장하고 사용했을 때 그것에 따른 반응을 보이도록 하는 무선 인식 시스템입니다.

예를 들면 판매할 상품에 이 전자태그를 부착했다면, 다 만들어진 상태로 공장 밖을 빠져나가 슈퍼마켓에 진열되는 모든 과정을 추적할 수 있어요. 만약 소비자가 전자태그가 새겨진 물건을 산다면 판매자는 전자태그를 통해 어떤 손님이 어떤 제품을 샀는지, 남은 제품은 몇 개인지 모두 알 수 있지요. 이뿐만 아니라 동물 추적 장치, 자동차 안전 장치 등 전자태그는 여러 분야에 쓰이고 있습니다.

이처럼 네트워크 시스템을 이용한 유비쿼터스 환경에서 우리는 이전과 비교할 수 없이 편리하게 생활할 수 있습니다.

TIP 요건 몰랐지?

전자태그

과거에 무선통신은 상상도 할 수 없는 일이었습니다. 하지만 전자태그는 전선 없이 전파를 통해 통신을 하고, 거기에서 한 단계 더 나아가 전파를 구별하는 시스템이에요. 전파가 도착한 것을 알아낼 뿐만 아니라 어디에서 온 전파인지 정확하게 파악하여 그에 맞게 대응할 수 있도록 만들어진 것이 전자태그입니다. 그렇기 때문에 전자태크가 유비쿼터스의 핵심 기술이 될 수 있습니다. 여기저기에 전자태그를 설치해 두면, 우리가 알지 못하는 사이에 전자태그가 스스로 많은 일을 처리해요. 하지만 아직 가격이 너무 비싸서 저렴하면서도 제 기능을 갖춘 전자태그를 개발하는 데 시간이 좀 더 필요합니다.

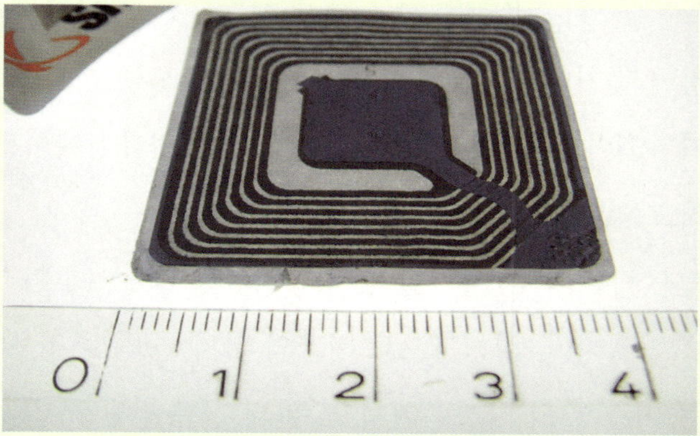

전자태그. © Maschinenjunge@the Wikimedia Commons

현재 진행 중인 유비쿼터스

버스 도착 시간을 알려 주는 전광판.

버스 속 유비쿼터스

유비쿼터스는 먼 미래의 이야기가 아니라 이미 일상생활 곳곳에서 이루어지고 있습니다.

여러분은 혹시 시내버스를 타 본 적이 있나요? 얼마 전까지만 해도 버스 정류장에 하루에 수십 번씩 다니는 버스의 정확한 시간표가 없었어요. 대략적인 시간표만 있어서 버스를 타려면 매번 정류장에서 기다려야 했지요. 만약 버스가 오는 시간을 못 맞출 경우 오랫동안 기다려야 했습니다. 그런데 이제 버스 정류장에서도 유비쿼터스 시대가 열리고 있어요.

버스종합사령실이라는 시스템이 버스 정류장에서 이루어지는 유비쿼터스 기술의 핵심입니다. 실시간으로 버스의 위치, 도착 예정 시간 등의 정보를 제공하는 버스 관리 시스템이지요. 현재 정류장에 설치된 전광판을 보면 버스 번호와 그 버스가 지금 어디에 있는지, 몇 분 뒤에 도착할지 확인할 수 있습니다. 전과 비교하면 굉장히 편리해졌지요.

이 버스종합사령실은 어떤 원리로 이루어질까요? 이 시스템은 버스에 위성 위치 확인 시스템과 전파를 주고받을 수 있는 장치를 설치하고, 그 장치을 통해 버스에서 보내는 정보를 전광판에 표시해 줍니다. 전광판에도 버스에 설치와 같은 장치를 장착하기 때문에 신호를 주고받을 수 있습니다. 전파를 이용하는 다른 유비쿼터스 시스템도 같은 방법으로 이루어진답니다.

그렇다면 왜 우리는 일상생활을 자꾸 유비쿼터스 환경으로 바꾸려 할까요? 버스종합사령실을 예로 들어 볼까요? 사람은 보통 대중교통인 버스보다 자가용을 더 좋아합니다. 버스는 올 때까지 기다려야 하고, 약속 시간에 맞추어 도착하기 힘들다는 단점이 있기 때문입니다. 하지만 도로를 재정비하고 버스종합사령실 시스템이 도입되면서 버스를 기다리는 시간이 줄어

■ 버스종합사령실 원리

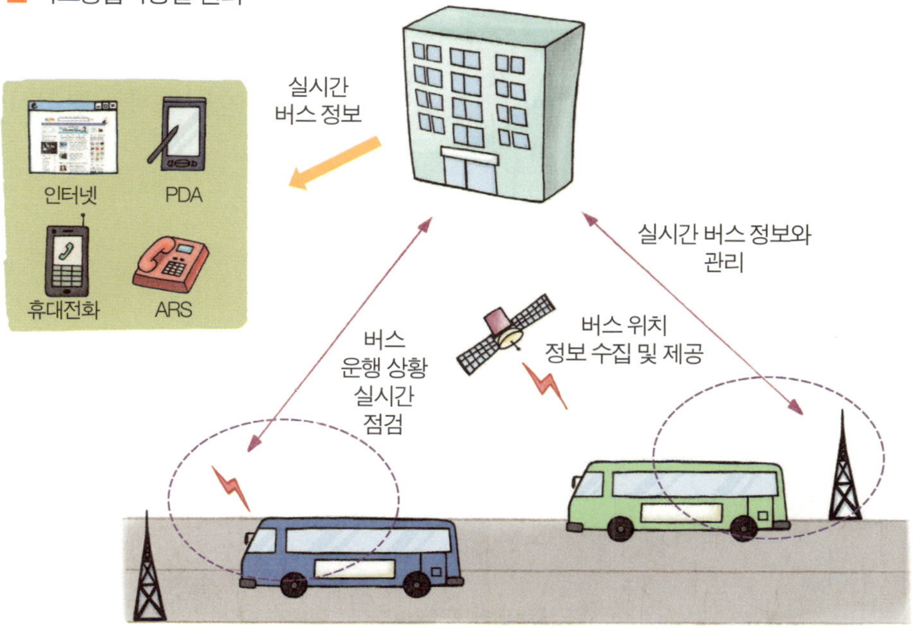

들었습니다. 정해진 버스 시간표에 맞추어 이동할 수 있기 때문에 시간을 낭비하지 않게 된 것이지요. 버스는 유비쿼터스를 도입하고 나서부터 저렴한 가격에, 전보다 더 편히 이용할 수 있게 되었습니다. 무엇보다 버스를 많이 이용하면 자가용을 덜 사용하게 되어 환경오염을 줄일 수 있고, 교통체증도 줄어듭니다. 따라서 유비쿼터스를 통해 버스의 이용 환경을 발전시키는 일은 모두에게 중요해요.

음식점 속 유비쿼터스

우리 생활 속에서 유비쿼터스를 사용하고 있는 또 다른 곳은 어디일까요? 바로 음식점입니다.

우리 주변에는 참 다양한 음식점이 있습니다. 그중 회전 초밥 가게에 가 본 적이 있나요? 회전 초밥을 파는 음식점에는 초밥이 접시 위에 놓인 채로 가게 안을 빙글빙글 돌고 있습니다. 손님이 초밥을 보고 있다가 마음에 드는 음식이 나오면 골라 먹는 구조로 되어 있지요. 접시마다 가격이 매겨져 있어서, 나중에 음식을 다 먹고 난 뒤 먹은 가격대로 돈을 지불합니다. 여기에서도 유비쿼터스 기술을 찾아볼 수 있답니다.

전자태그가 이용될 수 있는 회전 초밥집.

일본의 어느 초밥 가게는 접시에 전자태그를 붙였습니다. 이 칩은 여러 가지 기능을 해요. 칩에 가격 정보를 담아 두고서 손님이 초밥을 먹고 접시를 쌓아 두면 기계로 쓱 훑어 정보를 읽지요. 그러면 초밥 가격이 자동으로 계산되어 나옵니다. 예전에는 일일이 접시 숫자를 세어 가격을 계산해야 했기 때문에 불편했지만, 이 칩을 설치하여 번거로움을 없앨 수 있었어요. 기계로 계산하면 실수하는 일이 없어져서 빠르고 정확하게 가격을 계산할 수 있습니다.

대형 슈퍼마켓 속 유비쿼터스

전자태그는 대형 슈퍼마켓에서도 쓰입니다. 상품에 칩을 붙여 두고서, 출입문에 칩을 읽는 기계를 설치합니다. 이 기계를 컴퓨터와 연결해 놓으면 어떤 물건이 들어오고 나갔는지 일일이 체크하지 않아도 됩니다. 기계가 알아서 확인해 주기 때문이지요. 칩을 읽는 기계가 출입문을 들고나는 물건을 모두 체크해 상품이 얼마나 남았는지, 어떤 상품을 다시 주문해야 하는지 등의 정보를 모두 기록한답니다. 슈퍼마켓의 직원은 물건의 개수를 하나하나 체크할 필요가 없으니 정말 편하겠지요? 만약 수많은 물건을 다루는 곳

대형 슈퍼마켓에도 전자태그를 활용해 상품이 들어오고 나가는 것을 자동으로 기록한다.

에서 이러한 시스템이 없다면 물건을 분류하고 관리하는 데 무척 많은 시간이 걸렸을 거예요. 앞으로는 더 많은 곳에서 전자태그가 쓰일 것입니다.

동물과 식물을 관리하는 유비쿼터스

우리는 길가에서 튼튼하게 잘 자라나는 나무들을 쉽게 볼 수 있습니다. 이렇게 많은 나무들은 누가 관리하고 어떻게 보살펴 줄까요? 이러한 나무들 또한 전자태그로 편리하고 빠르게 관리할 수 있답니다.

우리나라에서는 실제로 나무에 전자태그를 설치해서 관리하는 곳이 있습니다. 서울 강서구의 가로수길에는 나무마다 매우 작은 전자태그가 설치되어 있어요. 이 전자태그에는 나무를 심은 날짜, 나무의 종류, 주변 정보까지 모두 기록되어 있습니다. 이 덕분에 나무가 병에 걸리는 것을 예방할 때 필요한 나무의 정보를 바로 알 수 있고, 병이 든 나무를 발견했을 때 컴

숲 속의 나무에도 전자태그를 설치하여 관리할 수 있다.

퓨터에 해당 나무의 번호만 입력하면 그 나무가 왜 아픈지 추측할 수 있어요. 그동안의 기록이 모두 남아 있기 때문이지요. 가로수뿐만 아니라 숲의 나무도 이 전자태그를 붙여 관리할 수 있다면 무척 편리할 것입니다. 더욱이 전자태그를 더 발전시켜서 나무에 생긴 이상을 스스로 체크하고, 그 정보를 관리실로 보낼 수 있게 만든다면 훨씬 더 편리해질 것입니다.

이처럼 전자태그로 나무를 관리하는 방법은 동물에게도 쓰일 수 있습니다. 소나 돼지를 많이 기르는 곳에서는 일일이 동물의 상태를 관리하기 어렵습니다. 동물의 수도 많을뿐더러 나무처럼 한자리에 가만히 있지 않고 이리저리 움직이기 때문에 나무보다 전자태그가 더 필요합니다. 가축에 전자태그를 달면 그 전자태그를 읽는 기계만 가져가도 언제 태어났는지, 과거에 어떤 병을 앓았는지 모두 알 수 있습니다.

또 전자태그는 집에서 키우는 반려 동물을 잃어 버렸을 때에도 유용합니다. 작은 캡슐 안에 전자태그를 넣고서 주사기 등을 이용하여 동물의 몸속에 넣어 두면, 동물을 잃어버렸을 때 찾는 데 큰 도움을 받을 수 있습니다. 전자태그에 동물에 대한 정보가 모두 기록되어 있기 때문이지요. 길에서 발견한 동물의 몸속에 전자태그가 있다면 그 전자태그를 읽어 내어 동물이 사는 곳과 주인에 대한 정보를 쉽게 알 수 있답니다.

그 밖에 동물의 혈통을 보존하거나 예방 접종, 동물 전염병의 이동 경로를 알아보는 것 등에서 전자태그를 활용할 수 있습니다. 이런 기술들이 발달할수록 우리는 더욱 식물과 동물을 잘 보살필 수 있을 거예요.

TIP 요건 몰랐지?

옷처럼 입고 벗는 컴퓨터

날이 갈수록 컴퓨터는 점점 더 발전하고 있습니다. 기술이 발달하면서 두꺼웠던 컴퓨터의 본체와 모니터가 아주 얇고 작아졌어요. 모니터 속에 본체의 기능을 집어넣어 본체가 사라진 컴퓨터도 있답니다. 이렇게 기술이 발전함에 따라 지금껏 볼 수 없었던 신기한 컴퓨터도 생겨났어요. 우리가 알고 있는 본체와 모니터의 형태를 아예 버리고 새롭게 태어난 컴퓨터이지요. 바로 머리에 쓰거나 옷으로 입는 컴퓨터입니다.

의류에 컴퓨터 기능을 담은 것을 '웨어러블 컴퓨터' 라고 합니다. '웨어러블(wearable)'은 '착용할 수 있는' 이란 뜻이에요. 미국 등의 선진국에서는 웨어러블 컴퓨터를 주로 군대에서 씁니다. 안경이나 헬멧을 쓰면 눈앞에 스크린이 펼쳐지는 최신 컴퓨터랍니다. 또 옷에 초소형 센서, 컴퓨터 칩이 들어 있어서 외부 자극이나 건강 상태까지 체크해 주기도 해요. 이러한 옷은 똑똑한 옷이란 뜻에서 '스마트 웨어' 라고 부릅니다.

웨어러블 컴퓨터는 아직까지 가격이 비싸고, 실제 옷처럼 가볍거나 작지 않아서 널리 쓰이지 못하고 있습니다. 하지만 점점 더 기술이 발전하여 실생활에 충분히 사용할 수 있게 된다면 앞으로 큰 변화를 가져다줄 기술입니다.

웨어러블 컴퓨터.

휴대전화와 유비쿼터스

휴대전화 속 내비게이션

가족과 함께 떠난 여행에서 길을 잃었습니다. 날은 어둑어둑해지는데 목적지는 보이지 않아서 초조했지요. 이럴 때는 어떻게 해야 할까요? 걱정하지 않아도 됩니다. 요즘은 휴대전화 속에 내비게이션 기능이 있거든요. 내비게이션은 지도를 보여 주거나 지름길을 찾아 주는 장치입니다. 휴대전화만 잘 활용해도 이 내비게이션 기능을 사용하여 금방 길을 찾을 수 있답니다.

내비게이션 기능을 갖춘 휴대전화.

일반 내비게이션은 보통 승용차나 택시 안에서 쉽게 볼 수 있습니다. 어느 길로 가면 빠른지 알려 주며, 길 주변의 큰 건물까지도 화면에 나타내 주어 길을 빠르고 정확하게 찾을 수 있도록 도와줍니다. 요즘은 노래 부르기나 게임 기능까지 갖춘 내비게이션도 많이 나왔습니다. 휴대전화가 점점 더 많은 기능을 갖추어서 나오는 것과 비슷하지요?

다양한 기능을 갖춘 요즘의 휴대전화에서는 내비게이션 기능에 접속만 하면 자동차에서 쓰던 내비게이션처럼 길을 알려 줍니다. 보통 휴대전화는 늘 몸에 지니고 있기 때문에 차에서 쓰는 내비게이션보다 더 간편하게 접속할 수 있어요. 휴대전화 속의 컴퓨터 프로그램과 위성이 발달하면서 내비게이션 기능까지 갖추게 되었습니다.

휴대전화의 내비게이션은 일반 내비게이션보다 화면이 작고 내용도 간략하게 나오기는 하지만, 손에 들고 다닐 수 있으므로 차뿐만 아니라 걸어서 이동할 때에도 쓸 수 있다는 장점이 있습니다. 위치와 상관없이 언제 어디에서나 사용할 수 있지요. 또 업데이트가 필요할 때는 휴대전화로 바로 인터넷에 접속하여 업데이트할 수 있습니다. 컴퓨터와 연결한 뒤 해당 홈

휴대전화에는 위치 추적 기능까지 추가되어 더욱 편리해졌다.

페이지에 접속하여 업데이트를 하는 기존의 내비게이션보다 훨씬 쉽지요. 이것이 유비쿼터스 기술의 가장 큰 장점입니다.

내비게이션과 비슷한 위치 추적이라는 기능도 있습니다. 위치 추적은 누가 어디에 있는지 검색하여 알아볼 수 있는 기능입니다. 예를 들면 부모님께서 내가 어디에 있는지 걱정되실 때 나의 휴대전화 번호로 검색하면 내가 지금 어디쯤에 있는지 확인할 수 있습니다. 그리고 자신의 위치를 상대방에게 문자 메시지로 전송해 주는 기능도 있어요.

휴대전화의 재미있는 기능

친구와 만나려고 약속 장소에서 기다리고 있습니다. 그런데 약속 시간이 넘어도 친구가 오지 않는 거예요. 뒤늦게 친구가 20분쯤 늦겠다고 전해 왔습니다. 20분을 더 기다리려니 무척 심심했어요. 이럴 때 유비쿼터스를 이

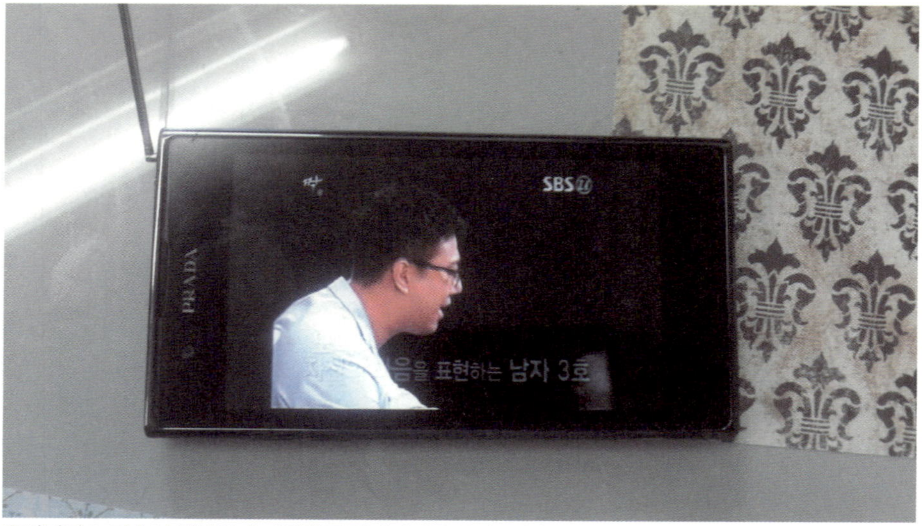

유비쿼터스 기술이 발달해 휴대전화로 텔레비전을 볼 수 있다.

용하여 휴대전화의 재미있는 기능을 즐기면 지루하지 않게 시간을 보낼 수 있습니다. 유비쿼터스 기술이 널리 쓰임에 따라 휴대전화에도 매우 섬세하고 복잡한 컴퓨터 시스템이 들어가기 때문이지요.

휴대전화로 즐길 수 있는 것 가운데 하나는 텔레비전 시청입니다. 한국에서 만드는 휴대전화의 대부분은 텔레비전을 볼 수 있는 기능을 갖추고 있습니다. 그래서 지상파 방송을 보거나 일정한 요금을 내면 위성 방송까지 볼 수 있어요. 집에서 커다란 텔레비전으로 보던 프로그램을 장소에 구애받지 않고 어디에서든 볼 수 있게 되었습니다. 컴퓨터 시스템과 위성 덕분에 가능한 일입니다.

또한 보통 휴대전화로 간편한 게임도 즐길 수 있어요. 만약 휴대전화 속에 들어 있는 게임이 재미없다면, 원하는 게임을 다운로드받아서 이용할 수도 있습니다. 휴대전화로 인터넷에 접속해서 게임을 고를 수 있고, 집에 있는 컴퓨터로 게임을 골라 휴대전화로 전송할 수도 있지요. 게임 또한 휴대전화로 즐길 수 있는 유비쿼터스 기능 가운데 하나입니다.

얼굴을 보면서 통화해요

유비쿼터스 세상이 펼쳐지고 있는 지금, 전화 기능도 더욱 다양해졌습니다. 이제 전화는 상대의 목소리만 들을 수 있는 도구에서 얼굴까지 볼 수 있는 첨단 도구로 변화했습니다. 요즘 대부분의 휴대전화에는 사진을 촬영할 수 있는 카메라가 들어 있습니다. 이 카메라는 사진을 찍는 데만 이용하는 것이 아니라 통화를 하면서 상대방에게 얼굴을 보여 주는 데에도 쓰이고 있어요. 이렇게 서로 얼굴을 보며 통화하는 것을 화상전화라고 합니다.

불과 몇 년 전만 해도 화상전화는 특별한 경우에만 쓰였습니다. 예를 들

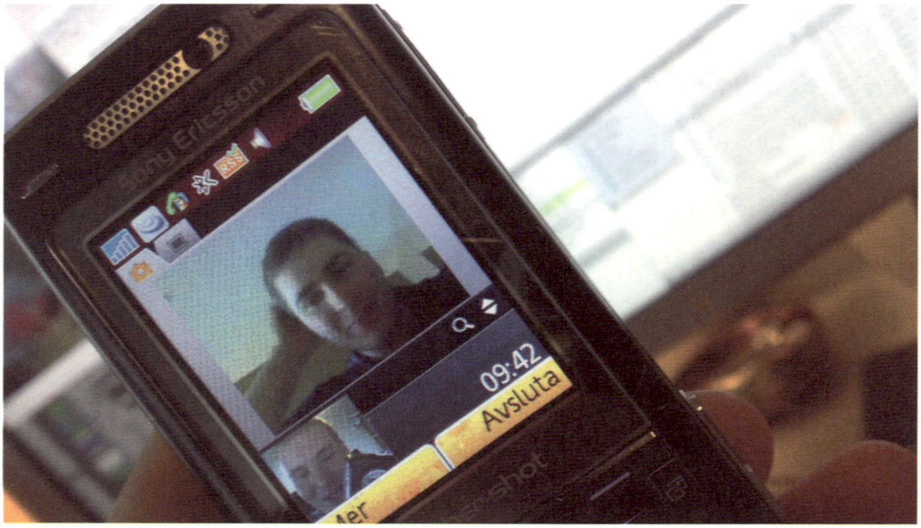

화상전화. ⓒ videophone@the wikimedia Commons

어, 만날 수 없는 남북 이산가족이 화상전화를 통해 아주 가끔 얼굴을 보며 서로의 안부를 물었습니다. 하지만 화상전화는 아주 특별한 경우에만 이루어졌어요. 일반 사람들은 화상전화의 기능을 직접 접해 볼 기회가 없었지요. 하지만 이제는 우리 모두가 언제 어디서나 화상전화를 사용할 수 있답니다. 휴대전화에 화상전화 기능이 포함되어 있기 때문이지요. 예전에는 보고 싶은 사람이 멀리 떨어져 있을 때 목소리를 듣는 것만으로도 위로받았지만, 이제는 진짜 바로 옆에 있는 것처럼 얼굴을 보면서 이야기할 수 있습니다.

TIP 요건 몰랐지?

위성통신

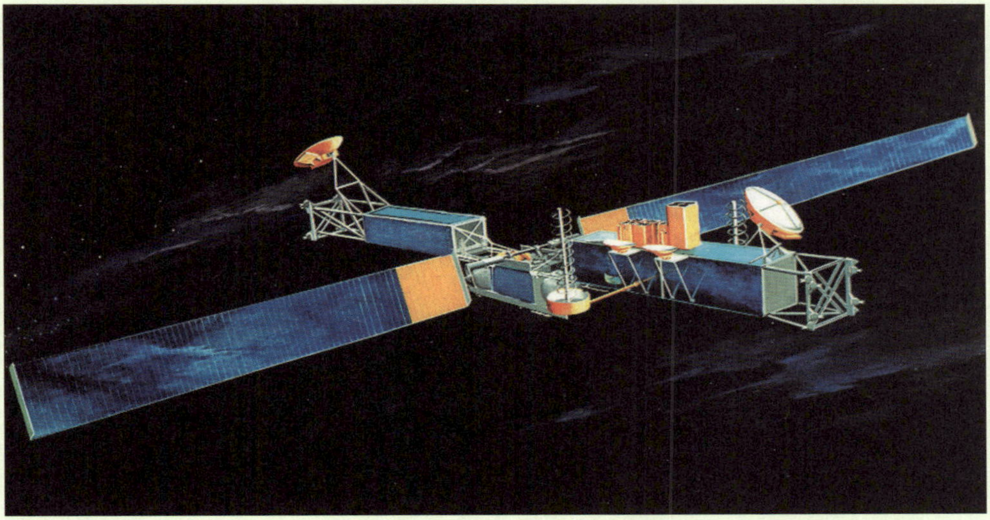
인공위성.

과학이 발전하여 인공위성을 쏘아 올릴 수 있게 되면서 위성통신이 가능해졌습니다. 위성통신은 인공위성이 중계소 역할을 하는 장거리 무선통신을 가리킵니다. 인공위성이 멀리 있는 두 지점의 통신을 전해 주는 역할을 하는 것이지요.

위성통신을 할 때에는 지구의 자전 속도로 돌아서 마치 움직이지 않는 것처럼 보이는 정지위성을 많이 이용합니다. 정지위성은 위성 한 개로 지구의 3분의 1을 연결할 수 있어요. 정지위성 세 개만 있으면 전 세계의 위성통신이 가능합니다. 이렇듯 위성의 발달로 전 세계를 연결해 주는 초고속 통신이 가능해졌습니다. 인공위성과 위성통신이 지금보다 더 발전한다면 많은 곳에서 안정적인 통신을 이용하여 다양한 변화를 이루어 낼 것입니다.

Q&A 꼭 알고 넘어가자!

문제 1 유비쿼터스란 무엇일까요?

문제 2 버스 정류장에서 이루어지는 유비쿼터스 환경인 버스종합사령실은 무엇일까요?

3. 나무에 전자태그를 설치해서 관리하고 있습니다. 서울 강서구의 가로수에는 나무마다 매우 작은 전자태그가 설치되어 있습니다. 이 전자태그에는 나무를 심은 날짜, 나무의 종류, 주변 정보까지 모두 다 기록되어 있습니다. 전자태그를 설치해 두면 나무의 정보가 필요할 때 쉽게 알 수 있어 매우 관리하기 편합니다.

4. 휴대전화의 내비게이션은 손에 들고 다닐 수 있으므로 위치와 상관없이 언제 어디서나 사용할 수 있습니다. 또 업데이트가 필요할 때는 휴대전화로 바로 인터넷에 접속하여 업데이트할 수 있어요. 컴퓨터와 연결한 뒤 해당 홈페이지에 접속하여 업데이트하는 기존의 내비게이션보다 훨씬 간편하지요.

문제 3 유비쿼터스 환경을 이용해 가로수를 관리할 수 있습니다. 어떤 시스템으로 이루어질까요?

문제 4 휴대전화의 내비게이션은 일반 내비게이션과 비교했을 때 어떤 장점이 있나요?

정답

1. 유비쿼터스라는 말은 '언제 어디에서나 존재한다'라는 뜻의 라틴어입니다. 컴퓨터와 네트워크가 언제, 어디에나 있다는 뜻입니다. 유비쿼터스 환경에서는 '컴퓨터로 네트워크에 접속해 볼까?'라는 의식 없이 시간과 장소에 구애받지 않고 언제나 네트워크에 접속할 수 있습니다.

2. 실시간으로 버스의 위치, 도착 예정 시간 등의 정보를 제공하는 버스 관리 시스템입니다. 현재 정류장에서는 전광판으로 이러한 정보들을 확인할 수 있어요. 전광판을 보면 버스 번호와 그 버스가 지금 어디에 있는지, 몇 분 뒤에 도착할지 등의 정보를 알려 줍니다.

관련 교과

초등 과학 3학년 2학기 1. 액체와 기체의 부피
초등 실과 6학년 1학기 2. 인터넷과 정보
중학교 과학 1학년 2. 분자와 운동
중학교 과학 3학년 4. 물의 순환과 날씨 변화

4. 미래의 유비쿼터스 환경

우리는 앞 장에서 현재 실현되고 있는 유비쿼터스 환경에 대해서 배웠습니다. 우리가 생각했던 것보다 생활 속에 유비쿼터스 기술이 훨씬 많이 실현되고 있지요. 하지만 이제까지의 기술은 앞으로 실현될 기술의 일부일 뿐입니다. 미래에는 어떤 유비쿼터스 기술이 펼쳐질까요?

우리 집 도우미 로봇

로봇이라는 말을 들으면 제일 먼저 무엇이 생각나나요? 아직은 〈트랜스포머〉 같은 영화에 등장하는 로봇이 생각날 거예요. 이러한 로봇들은 우리 생활과 멀리 떨어진 영화에서나 볼 수 있습니다. 하지만 앞으로는 로봇이 우리 생활을 도와주는 최고의 도우미가 될 거예요.

기억의 천재 로봇

로봇은 컴퓨터 프로그램으로 움직입니다. 사람의 뇌는 모든 것을 기억할 수 없기 때문에 실수할 수 있지만 로봇은 명령대로 움직이므로 실수할 확률이 매우 적어요. 사람의 뇌는 꼭 기억해야 할 것과 흘려보내도 될 만한 것을 구분해서 저장한답니다.

그런데 학교 준비물이나 숙제와 같은 중요한 것까지 흘려보내도 되는 항목으로 저장되면 학교생활에 문제가 생깁니다. 그러므로 이런 것들을 로봇에 저장해 놓으면 로봇이 기억해야 할 것들을 미리 알려 주므로 준비물이나 숙제를 깜빡하는 일이 없을 거예요. 학교에 다녀오자마자 숙제나 준비물을 로봇에게 미리 알려 주면 로봇이 기억하고 있다가 필요할 때 알려줍니다.

또한 날씨나 뉴스 정보를 로봇에게 전송하도록 컴퓨터 프로그램을 설정

해 놓는다면 아침마다 로봇이 날씨와 중요 뉴스들을 정리해서 일러 줄 수 있습니다.

최고의 도우미 로봇

로봇은 중요한 행사가 있을 경우 아주 근사한 도우미도 되어 줍니다. 가령 아빠의 생신날처럼 중요한 행사 때 큰 역할을 할 수 있습니다. 구체적인 예를 들어 볼까요?

아빠의 생신날이 되어 모두 함께 생일 잔치를 준비하기로 했습니다. 그런데 준비할 것이 너무 많아서 우왕좌왕하게 되었어요. 바로 이럴 때 도우미 로봇이 옆에서 하나하나 꼼꼼하게 챙겨 주면서, 부족한 일손을 돕습니다.

우선 미역국, 불고기, 케이크 등의 메뉴가 결정되면, 로봇은 요리에 필요한 식재료와 요리 방법을 말해 줍니다. 또한 전자레인지에 음식물을 데워 주

일상생활에서 사람은 로봇과 친해졌다.
ⓒ Daniel Case@the Wikimedia Commons

고, 필요한 재료를 냉장고에서 찾아다 주는 등 잔심부름을 해 줍니다. 토스트나 샌드위치 같은 간단한 요리는 직접 만들어 주기도 합니다.

파티를 위해 집을 꾸미는 데에도 로봇이 도움을 줍니다. 도우미 로봇이 창고에서 파티 용품을 찾아 꺼내 줍니다. 창고는 너무 복잡해서 물건을 찾으려면 매번 시간도 오래 걸리고 힘들었는데 로봇의 도움으로 원하는 물건을 금방 찾을 수 있어요. 또 로봇은 무거운 파티 용품도 가뿐하게 들어 주지요. 로봇의 역할은 여기에서 그치지 않습니다. 로봇은 아빠의 일정을 확인하여 집에 도착하실 시간을 예상해 가족에게 알려 줍니다. 아빠의 친구들에게도 집 주소, 간단한 약도와 함께 초대장을 보내 주지요.

로봇이 참 많은 일을 도울 수 있지요? 도우미 로봇이 널리 이용된다면 집안일을 하는 주부들에게 큰 힘이 될 수 있을 거예요.

TIP 요건 몰랐지?

한국 최초의 안드로이드 로봇, 에버원

안드로이드 로봇은 행동과 모습이 사람을 닮은 로봇을 가리킵니다. 세계에서 두 번째이자 우리나라 최초의 안드로이드 로봇은 2006년에 만들어졌어요.

에버원(EveR-1)이라는 이름을 가진 이 로봇은 한국 여성의 특징을 담아 키 160㎝, 몸무게 50㎏으로 만들었지요. 또 에버원은 사람과 거의 비슷한 인공 피부를 갖고 있으며, 내부에 35개의 초소형 전동기가 있어서 상반신을 자연스럽게 움직일 수 있습니다. 특히 얼굴 안에 첨단 기술로 제작된 카메라 등이 들어 있어서 기쁨과 슬픔, 두려움과 혐오 등 네 가지 표정과 몸짓을 표현할 수 있습니다. 상대방의 얼굴을 인식하여 시선을 맞출 수 있고, 400개 정도의 단어를 알아듣고 대답할 수 있어서 사람과 대화를 나눌 수도 있답니다. 한국생산기술연구원은 더 똑똑한 안드로이드 로봇을 만들기 위해 계속 연구하고 있어요.

한국의 안드로이드 로봇, 에버원(한국생산기술연구원 제공).

유비쿼터스 시대의 생활

매일 학교에 가지 않아도 돼요

학교에 가서 친구들과 어울려 공부하는 것은 참 즐겁습니다. 친구들과 같은 교실에서 같은 책을 보며 지내기 때문이지요. 하지만 여러 가지 유적과 유물이 있는 현장에 직접 가서 공부하는 것도 무척 재밌을 거예요. 요즘은 학교에서 현장 학습을 가거나 주말을 이용하여 부모님과 함께 유적을 보러 갈 수 있습니다. 하지만 방문할 수 있는 시간과 기회는 그리 많지 않아요. 미래의 유비쿼터스 시대에는 이러한 시간과 공간의 제한이 변할 것입니다.

인터넷 학습이 이루어지고 있다.
ⓒ Sarah M Stewart@flickr.com

집에 유비쿼터스를 이용한 공부 시스템이 설치되어 있다면 가끔은 집에서 공부할 수 있을 것입니다. 매일 학교에 가는 것이 아니라, 어느 날은 낮에 체험 학습을 하고 밤에 친구들이 공부한 내용을 인터넷으로 학습해 혼자 공부할 수 있어요. 인터넷으로 하는 학습을 보통 이러닝(e-learning)이라고 부르지요.

지금도 인터넷 학습 시스템이 이루어지는 곳이 많지만, 아직은 선생님이 해당 사이트에 올려놓은 자료를 보기만 하는 수준입니다. 하지만 인터넷 학습이 더 효과적으로 자리매김하려면 우리가 학교에서 배울 때처럼 선생님께 직접 질문하고 답을 듣고, 졸거나 딴짓을 할 때 제어할 수 있는 장치가 필요해요. 이런 것을 컴퓨터 시스템으로 만들어 이용한다면 진정한 유비쿼터스 학습이 되겠지요?

DMB

디지털 멀티미디어 브로드캐스팅(digital multimedia broadcasting)의 머리글자를 딴 말입니다 방송과 통신이 결합된 새로운 개념의 이동 멀티미디어 방송 서비스입니다. 휴대전화나 PDA에서 방송을 시청할 수 있습니다.

이런 환경에 DMB로 공부할 수 있게 된다면 더 효율적으로 인터넷 학습이 이루어질 수 있습니다. 현재는 DMB로 영상을 보는 것까지만 가능합니다. 이 기능을 좀 더 보완해서 영상을 보고 글을 써서 의견이나 질문을 주고받을 수 있도록 발전시킨다면, 인터넷 학습도 집이나 도서관 등 한정된 공간에서만 해야 할 필요가 없어집니다. 그렇게 되면 좀 더 많은 경험을 할 수 있는 학습 환경이 되어 우리도 즐겁고 신 나게 공부할 수 있겠지요?

회사생활

유비쿼터스 시대에는 어른들의 회사 생활도 변할 것입니다. 회사에 도착하면 컴퓨터 비서가 직원을 맞이합니다. 컴퓨터 비서는 날씨에 맞게 실내 온도를 조절해 놓고, 습도와 공기 오염을 실시간으로 확인하여 제일 좋은 환경으로 맞춰 줄 거예요. 사람이 하기에 어려운 이런 일을 컴퓨터 시스템에 설정해 놓는다면 간단합니다.

컴퓨터 비서는 오늘의 일정을 정리해 주기도 합니다. 일정을 확인하여 때에 맞춰 준비해야 할 것들을 일러 주어요. 예를 들면, "거래처와의 회의가 있으니 발표 자료를 준비하셔야 합니다."라고 알려 주지요. 그러면 직원은 발표할 내용을 다시 한 번 살펴보면서 빈틈없이 준비할 수 있습니다. 또 번거롭게 발표 자료를 이동 메모리에 옮길 필요 없이, 컴퓨터 비서에게 발표 장소로 파일을 보내라고 하면 컴퓨터와 컴퓨터의 네트워크를 이용해 자료를 옮길 수 있습니다.

그 밖에도 컴퓨터 비서가 일 때문에 만나야 할 사람의 취미나 특기, 좋아하는 것, 싫어하는 것 등의 정보를 수집하여 미리 알려 주기도 합니다. 이러한 정보를 바탕으로 일로 만난 사람과 더 빨리 친분을 쌓을 수 있고, 회사 일에 대해서도 더 편

하게 이야기할 수 있게 될 것입니다.

이렇게 직장인의 손과 발이 되어 주는 컴퓨터 시스템이 점점 우리 생활에 널리 쓰이고 있습니다.

전자 신분증과 전자 명함

어떤 사람이 누구인지를 간략히 나타내 주는 물건이 있다면, 바로 신분증입니다. 신분증에는 이름이 무엇이고, 어디에 사는지 등의 정보가 기록되어 있지요. 주민등록증, 운전 면허증 같은 것이 바로 신분증입니다. 그런데 이와 같은 카드 형식의 신분증은 지갑의 공간을 차지합니다. 또 지갑을 잃어버리면 신분증까지 잃어버리게 되는 경우가 많아요. 한번 신분증을 잃어버리면 다시 신청하여 발급받아야 하기 때문에 굉장히 번거롭고, 새 신분증을 만들어 내는 데 자원이 낭비됩니다.

이러한 신분증을 좀 더 편리하게 관리하는 방법이 연구되고 있습니다. 그중 하나로 전자 신분증을 들 수 있어요. 전자 신분증은 휴대전화와 같은 기기에 자신의 정보를 넣어서 들고 다니는 것입니다. 신분증을 카드가 아니라 전자 정보로 들고 다니는 것이지요. 이렇게 하면 신분증은 가지고 다닐 필요도 없고, 다른 사람의 신분증을 위조하는 범죄도 많이 줄일 수 있습니다.

전자 신분증과 비슷한 방식으로 쓰일 수 있는 것이 전자 명함입니다. 어른이 되어 직업을 갖게 되면 명함을 만듭니다. 명함에는 회사 이름과 그 사람의 직책, 연락처 등이 적혀 있어서 업무로 사람을 만났을 때 명함만 주고받으면 연락처나 직함 등을 따로 물어보지 않아도 돼요. 그런데 명함은 신분증보다 더 부피를 많이 차지합니다. 일하면서 만나는 사람마다 명함을

전자 명함이 실현되면 카드 형식의 명함은 필요없어진다.

주고받다 보면 엄청난 양이 쌓이겠지요? 그래서 어른들 중에는 명함 지갑을 따로 들고 다니거나, 앨범처럼 생긴 명함 모음집에 명함을 정리하는 경우도 많아요.

하지만 전자 명함이 실현된다면 이 모든 불편함이 사라진답니다. 전자 명함은 전자 신분증처럼 정보를 저장해 두어서 사람들끼리 만났을 때 적외선 통신 등으로 명함을 교환하게 만듭니다. 종이로 만든 명함은 전화번호가 바뀌거나 회사를 옮기면 다시 만들어서 교환해야 하지만 전자 명함은 간편하게 정보를 수정할 수 있습니다. 또 이미 전자 명함을 받은 사람들도 수정된 내용에 접속하게 되니 무척 편리할 뿐 아니라, 종이 명함을 만드는 데에 드는 자원을 절약할 수 있습니다.

TIP 요건 몰랐지?

유비쿼터스의 문제점

유비쿼터스가 발전하면 좋은 점만 있을까요? 그렇지 않습니다. 유비쿼터스가 발달할수록 컴퓨터는 우리 생활 속에 더욱 큰 부분을 차지합니다. 지금도 이미 많은 부분을 차지하고 있지만 앞으로는 더 중요한 존재가 될 것입니다. 그 결과 컴퓨터에 중독된 사람이 많아질 것입니다. 밖에서 활동하기보다는 무조건 컴퓨터에 의존하려는 사람이 늘어날 수 있습니다.

또 개인 정보가 유출되는 위험도 커집니다. 생활 대부분이 컴퓨터로 이루어지는 만큼 모든 정보가 컴퓨터 안에 기록되어 있기 때문이에요. 만약 해킹을 당하면 자신도 모르는 사이에 개인 정보들이 빠져나갈 수 있습니다.

그러므로 모든 일을 컴퓨터에만 맡기려고 하지 말고 스스로 해결하는 습관을 들일 필요가 있습니다. 컴퓨터에 문제가 생겼을 때에도 혼자서 문제를 잘 해결할 수 있도록 말이지요. 또 개인 정보도 아무 곳에나 올리지 말아야 합니다. 꼭 올려야 할 경우 비공개로 해 놓아야겠지요.

똑똑한 자동차

자동차가 발명되어 우리는 무척 편리하게 살고 있습니다. 자동차가 발명되기 전에는 걸어 다니거나 말을 타고 이동했어요. 그래서 먼 거리를 이동하는 것이 쉬운 일은 아니었답니다. 말을 타고 이동한다 해도 오랫동안 달리면 말 역시 지쳐 버리겠지요. 하지만 자동차가 발명되면서 이런 불편함은 모두 사라졌습니다. 자동차는 어디든 편하고 빠르게 갈 수 있으며, 자동차의 연료인 휘발유나 가스는 언제 어디서나 손쉽게 구입할 수 있습니다.

하지만 좋은 점만 있지는 않습니다. 자동차는 사람이 운전하기 때문에 종종 사고가 일어나기도 해요. 운전자가 술에 취해 음주 운전을 하거나, 졸려서 졸음운전을 하는 등 여러 가지 이유로 교통사고가 일어나요. 그래서 때때로 자동차는 생명을 빼앗는 무서운 교통수단으로 변하기도 해요.

이러한 자동차를 더 편리하고 안전하게 쓸 수 있는 방법이 있답니다. 바로 지금껏 우리가 공부해 온 유비쿼터스 기술을 도입하는 것이지요. 유비쿼터스 기술은 자동차에 어떤 변화를 줄까요?

액셀러레이터

자동차가 속도를 낼 수 있도록 도와주는 장치입니다. 발로 밟아서 작동시키지요. 반대로 속도를 줄이는 장치는 브레이크입니다.

자동 운전 시스템

자동차에 자동 운전 시스템을 설치하면 어떤 변화가 생길까요? 지금의 자동차는 운전자가 액셀러레이터와 브레이크, 핸들, 기어를 사용하여 직접 작동해야 합니다. 하지만 이제 곧 컴퓨터 시스템이 자동차를 제어하여 운전할 수 있는 시대가 열릴 것입니다. 너무 피곤하거나 일이 많을 때는 컴퓨터 시스템에 목적지를 입력하여 스스로 찾아가게 하는 것이지요. 지금도 내비게이션처럼 운전에 도움을 주는 기계들이 많이 개발되어 있어요. 머지않은 미래에 내비게이션보다 더 발전한 자동 운전 시스템이 실제로 이루어질 것입니다.

그러나 자동 운전 시스템을 발명하는 일은 최대한 신중히 해야 합니다. 자동차는 자칫하면 생명도 잃을 수 있을 만큼 매우 위험하기 때문에 안전하다는 증거가 확실할 때에야 쓰여야 합니다.

똑똑한 운전 도우미

자동차는 거의 매일 쓰는 기계이므로 수시로 점검해야 합니다. 계절이 바뀔 때마다 정기적으로 점검해야 하지요. 여름에는 날씨가 무척 덥지요? 그

래서 여름에는 타이어의 공기를 약간 빼 주어야 합니다. 날씨가 더우면 타이어 안의 공기가 팽창하여 타이어가 매우 빵빵해지거든요. 여름에도 겨울에 넣었던 만큼 공기를 넣으면 타이어가 터져 버릴 수 있어요. 반대로 공기가 수축하는 겨울에는 여름보다 공기를 많이 넣어야겠지요?

자동차와 관련된 컴퓨터 시스템이 발달하면 이 타이어의 압력 관리를 자동차 스스로 할 수 있게 됩니다. 타이어가 너무 팽팽하면 경고하며 차를 멈추어 공기를 빼고, 추우면 스스로 공기를 채워 주는 시스템이지요.

또 밖의 온도를 스스로 확인해서 차 안의 온도를 조절해 줄 수 있습니다. 지금은 차 안이 덥거나 추우면 운전자가 직접 에어컨이나 온풍기를 켭니다. 겨울에 차를 타면 차 안이 무척 춥지요? 온풍기를 틀어도 따뜻해지는 데에는 시간이 걸려요. 그런데 유비쿼터스 기술이 더 발달하면 이런 불편함은 더 이상 없을 것입니다. 출발할 시간을 미리 입력해 두면 유비쿼터스 시스템이 운전자가 나오기 전에 차 안을 알맞은 온도로 맞춰 놓을 수 있어

타이어의 공기가
팽창하였습니다. 공기를
조금 빼겠습니다.

현재는 정비소에서 차 상태를 확인한다. ⓒ repair shop@the Wikimedia Commons

요. 운전자는 자동차에 타자마자 최적의 환경에서 운전을 시작할 수 있습니다.

이외에도 차에는 신경 써야 할 것이 아주 많습니다. 엔진을 식혀 주는 냉각수도 관리해야 하고, 엔진 오일도 갈아 주어야 해요. 또 브레이크도 닳지 않게 관리해 주어야 한답니다. 우리가 정기적으로 건강 검진을 받는 것처럼, 현재는 자동차도 일정 기간이 지나면 정비소를 찾아가서 점검을 해요. 점검 결과에 따라 무엇이 필요한지 확인하여 부품을 새로 바꾸기도 합니다. 하지만 미래에는 자동차 스스로 상태를 확인하고 관리할 것입니다. 정비소에 따로 찾아가 검사받을 필요 없이, 문제가 생기기 전에 부품을 교체하여 관리할 수 있으므로 더 안전하게 차를 운전할 수 있게 됩니다.

Q&A 꼭 알고 넘어가자!

문제 1 유비쿼터스 환경이 발달하면 우리의 학교생활은 어떻게 변할까요?

문제 2 신분증을 좀 더 편리하게 관리하는 방법으로 전자 신분증이 개발되었습니다. 전자 신분증이란 무엇인가요?

로 만드는 것이 아니라 전자 정보로 만들어 들고 다니는 것이지요. 이렇게 하면 신분증이 지갑 속에서 부피를 차지하지도 않고, 다른 사람의 신분증을 위조하는 범죄도 많이 줄어들 것입니다.

3. 여름철에는 타이어의 압력을 빼 주고, 겨울에는 타이어의 압력을 높여 주어 타이어로 인한 사고가 나지 않게 해 줍니다. 또 밖의 기온을 스스로 확인해 차 안의 온도를 조절하고, 출발 시간을 미리 입력해 두면 운전자는 여름이나 겨울에 차에 타자마자 너무 덥거나 춥지 않은 상태에서 운전을 시작할 수 있습니다. 또한 엔진, 브레이크 등의 부품에 문제가 생기기 전에 알려 주어 사고를 예방할 수 있습니다.

문제 3 유비쿼터스 기술이 더욱 발달하면 차는 똑똑한 운전 도우미가 됩니다. 어떻게 똑똑해질지 그 예를 들어 보세요.

정답

1. 매일 학교에 가는 것이 아니라, 어느 날은 낮에 체험 학습을 하고 밤에 친구들이 공부한 내용을 인터넷 학습을 통해 혼자 공부할 수 있습니다. 거기에 DMB로 공부할 수 있게 된다면 더 효율적으로 인터넷 학습을 할 수 있어요. 지금은 DMB로 영상을 보는 것까지 가능하지만 이 기능을 좀 더 보완해서 영상을 보고, 글을 써서 의견이나 질문을 주고받을 수 있도록 발전시킨다면 인터넷 학습도 집이나 도서관 등 한정된 공간에서만 해야 하는 제약이 없어질 것입니다.

2. 전자 신분증은 휴대전화와 같은 기기에 자신의 정보를 넣어서 들고 다니는 것을 말합니다. 신분증을 카드

관련 교과

초등 실과 6학년 1학기 2. 인터넷과 정보
초등 과학 6학년 2학기 3. 쾌적한 환경
중학교 과학 2학년 4. 소화와 순환, 7. 호흡과 배설

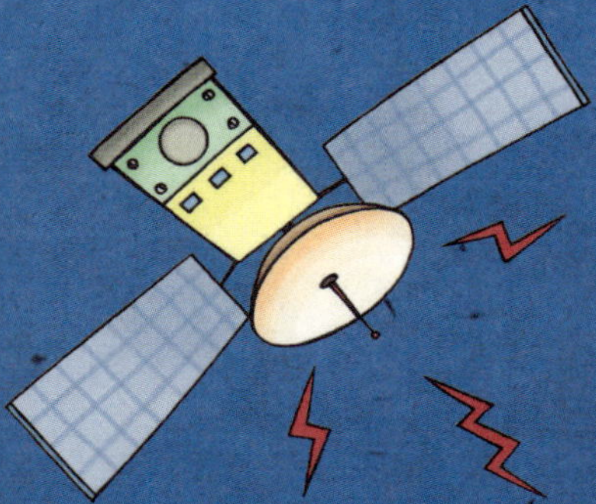

5. 유비쿼터스와 건강

우리에게 가장 중요한 것은 건강입니다. 돈이나 가진 것이 아무리 많아도 건강하지 않으면 아무 소용이 없어요. 그래서 사람들은 더 건강한 삶을 살기 위해 열심히 연구하고 있습니다. 유비쿼터스 기술의 발전과 우리의 건강 생활은 어떤 관계가 있을까요?

생활 속 건강 체크

침대 속 유비쿼터스

120
80
건강 체크는 저에게 맡겨 주세요!

가끔 몸이 으슬으슬하고 이상할 때가 있습니다. 열이 나는 것 같기도 하고 아닌 것 같기도 해서 병원에 가야 하는지 애매한 경우도 있고요. 지금은 몸의 이상을 느끼고서 병원에 가야 진찰 받을 수 있지요. 하지만 유비쿼터스 세상에서는 컴퓨터가 침대 안에서 우리의 건강 상태를 바로바로 체크해 확인해 줄 수 있습니다.

침대 안에 자동 감지기가 설치되어 우리의 심장박동을 확인해 줍니다. 누워서 자는 동안 신체 변화를 체크해서 이상이 생겼을 경우 다른 방의 가족이나 병원으로 연락이 가도록 하는 것이지요. 이 기능은 병원이나 요양원 같은 시설에서 유용하게 쓰일 수 있습니다. 특히 할아버지, 할머니만 계시는 요양원에서는 큰 도움이 될 거예요. 할아버지, 할머니는 주무시는 동

안에 갑자기 건강이 나빠지는 경우가 많습니다. 옆에서 계속 지켜볼 수 없을 경우, 몸 상태를 확인해 주는 자동 감지기를 침대에 설치하면 무척 큰 도움이 될 것입니다.

손잡이의 유비쿼터스

침대에서 일어나 방문 손잡이를 잡으면 손잡이에 설치된 온도 센서가 체온을 재서 몸에 열이 있는지 없는지, 혈압은 얼마나 되는지 등을 알려 줍니다. 조그만 이상이라도 생기면 확인하여 알려 주지요. 이 정보를 병원으로 전송하면 병원에서는 예약 시간을 잡고 통보해 줍니다.

지금은 병원에 가면 접수하고 차례를 기다린 뒤에 진료를 받아요. 또 작은 병원에서 큰 병원으로 옮길 때면 진료 기록을 가져가기 위해 이것저것 많은 서류를 준비해야 하기도 합니다. 그런데 유비쿼터스 기술이 발달하면 이런 번거로움을 줄일 수 있습니다.

집에서 체크한 몸 상태의 기록을 병원으로 보내면 의사는 그동안의 자료와 함께 건강 상태를 확인합니다. 지난날의 몸 상태와 그날 받은 자료를 파악하면서 진료받을 시간을 우리에게 통보해 주지요. 그 덕분에 우리는 병원에 가서 접수하고 기다리는 수고로움 없이 바로 의사의 진료를 받을 수 있어요.

또한 몸 상태에 대한 모든 자료는 네트워크로 연결된 컴퓨터에 저장되어 있으므로 환자의 동의만 있으면 다른 의사도 볼 수 있습니다. 병원을 옮길 때 서류를 준비해야 하는 번거로움이 많이 줄어들겠지요.

나노 로봇

나노

나노란 고대 그리스어의 난쟁이라는 말에서 유래했습니다. 크기를 나타내는 말로, 국제 단위계에서 10억분의 1을 나타내는 분수입니다. 예를 들면 1nm(나노미터)는 1m의 10억분의 1이에요.

세상에는 치료하기 어려운 병이 매우 많습니다. 이런 무서운 병을 고치기 위해서는 꾸준히 약물 치료를 하거나 수술 등을 해야 합니다. 병에 걸리면 통증 없이 빠르게 치료하는 것이 가장 좋겠지요? 그래서 나노 로봇이 개발되고 있습니다. 로봇은 로봇인데 나노 크기만 한 로봇으로, 의학 분야에서 큰

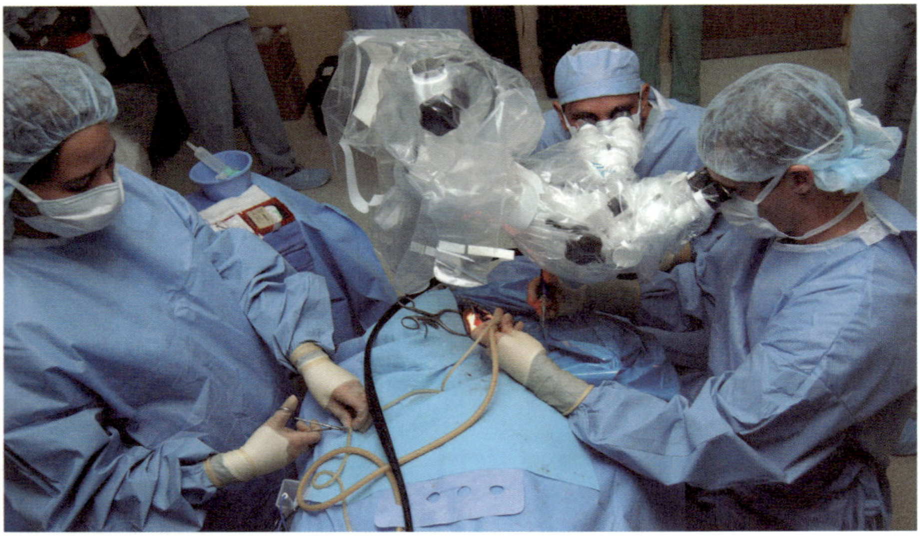

현재는 수술을 하려면 마취한 뒤 칼을 써야 한다.

관심을 받고 있습니다. 크기는 매우 작지만 그 안에는 다른 로봇 못지않은 컴퓨터가 내장되어 있어요. 크기가 무척 작다는 장점이 있어서 많은 곳에 다양하게 쓰일 수 있답니다. 그중 몇 가지 예를 살펴보아요.

나노 로봇을 이용한 수술

나노 로봇이 개발되면 마취한 뒤 칼을 써서 하는 수술은 없어질 거예요. 어떻게 이런 일이 가능할까요? 지금은 사람이 직접 칼을 들고 암세포나 병이 난 조직을 떼어 내는 수술을 하고 있어요. 또 찢어지거나 상처 난 부분을 직접 꿰매기도 하지요.

하지만 나노 로봇을 이용하여 수술을 한다면 그 부위에 직접 칼을 대지 않아도 됩니다. 매우 작은 크기인 이 로봇을 우리 몸속에 넣어 병이 생긴 부위를 직접 치료하도록 하는 것입니다. 로봇 안에 있는 컴퓨터에 병에 대한 정보와 해야 할 일 등을 미리 입력하면 로봇이 혈관을 타고서 치료해야 할 부위에 찾아가 입력된 대로 치료한 후 소변을 통해서 밖으로 빠져나오는 것이지요.

현재 이러한 방법은 어느 정도 진전되고 있습니다. 2003년에 우리나라에서 지름 10㎜, 길이 2.5㎝의 캡슐을 삼켜 내시경 검사를 할 수 있는 기술이 개발되었어요. 이 캡슐 안은 초소형 렌즈와 디지털카메라, 건전지, 몸속을 밝게 비춰 줄 조명, 영상을 보내는 장치로 이루어져 있습니다. 몸으로 들어간 캡슐은 식도, 위장, 소장, 대장을 거치면서 몸 안의 사진을 찍어 컴퓨터로 전송합니다. 그러고는 대변을 통해 나오는 것이지요. 이 캡슐은 크기가 작아서 몸속 곳곳을 다니며 자세하게 관찰할 수 있다는 장점이 있답니다. 앞으로는 알약 크기보다 더 작은 것들이 개발되어 우리 몸 구석구석 아픈 곳을 확인해 줄 거예요.

공기를 깨끗하게 해 주는 나노 로봇

나노 로봇은 공기 청정기로도 쓰입니다. 나노 로봇은 원자만큼 작기 때문에 공기 중에 뿌린다고 해서 우리 생활에 불편함을 끼치지 않습니다. 이 로봇이 공기 중에 떠다니면서 먼지나 진드기, 또 봄마다 찾아오는 황사를 분석하여 그 성분을 알려 줄 수 있을 것입니다. 만약 공기 속의 해로운 성분을 없애 주기까지 한다면 우리는 훨씬 쾌적한 환경에서 생활할 수 있겠지요.

로봇 구조대

때때로 우리는 큰 재난에 맞닥뜨립니다. 뉴스에서도 건물이 무너지거나 불이 난 모습 등을 자주 보게 됩니다. 사람이 직접 구조 작업을 하기에는 무척 위험한 상황이 많아요. 경찰관, 소방관이 이런 어려움을 무릅쓰고 우리를 지켜 주지만 로봇 구조대가 개발된다면 구조할 때 생기는 위험을 줄일 수 있습니다.

로봇 구조대의 쓰임새

우선 로봇 구조대는 지진이나 건물이 무너졌을 때 생존자가 있는지, 어디에 묻혔는지 등을 찾아낼 수 있어요. 로봇에 열을 감지하는 센서를 부착하면 로봇이 작은 틈새로 돌아다니면서 사람에게서 나는 열을 감지해 그곳의 정보를 알려 주는 것이지요. 그렇게 되면 구조 작업은 훨씬 빨라질 수 있습니다. 또한 무거운 짐을 옮기도록 만들어진 로봇을 이용한다면 무거운 건물 더미를 손쉽게 치워서 사람을 더 빨리 구조하게 될 것입니다.

큰불이 났을 때 직접 불을 끌 수도 있습니다. 아주 높은 온도에서도 견딜 수 있도록 튼튼하게 만든 로봇이라면 소방관이 들어가기 힘든 곳에 들어가서 불을 끌 수 있어요. 사람이 쓰러져 있으면 그 사람의 상태에 대한 정보를 밖으로 보내 주어 구출하자마자 적절한 치료를 받게 할 수 있습니다.

화생방전

독가스 등의 화학무기, 세균 등의 생물학 무기, 방사선·방사능 등의 핵무기를 사용하는 전쟁을 가리킵니다.

이렇게 재난 상황에 도움을 주는 로봇이 실제로 우리나라에 존재한다는 사실을 알고 있나요? 롭해즈(ROBHAZ)라는 이름의 로봇이에요. 롭해즈는 이라크 자이툰 부대에서 활약하기도 했습니다. 군사용으로 만든 로봇 구조대는 지뢰와 폭팔물을 탐지하여 제거하고 화생방전을 펼치는 지역에 들어가 오염 정도를 측정할 수 있습니다.

TIP 요건 몰랐지?

한국 최초의 인간 로봇 휴보

2004년 12월, 우리나라 최초의 인간형 로봇인 '휴보'가 태어났습니다. 키는 120cm에 몸무게는 55kg이에요. 41개의 전동기가 있어서 몸을 자연스럽게 움직일 수 있습니다. 또 가위바위보를 할 수 있을 만큼 손가락도 따로 움직일 수 있어요. 이처럼 섬세한 작업 덕분에 사람과 움직임이 굉장히 비슷하답니다. 한 번 충전하면 90분 동안 움직일 수 있는 배터리가 들어 있고, 두 발을 이용하여 앞뒤로 걷는 것뿐만 아니라, 옆으로도 걷고 한 발로 서서 균형을 잡을 수도 있답니다. 또한 손에는 압력 센서가 들어 있어서 힘을 조절할 수도 있어요.

2005년 11월에는 휴보의 뒤를 이은 '알버트 휴보'가 태어났습니다. 이 로봇은 아인슈타인의 얼굴을 한 로봇으로 키가 137cm, 몸무게가 57kg으로 웃는 표정, 슬픈 표정, 화난 표정 등 여러 표정을 지을 수 있답니다.

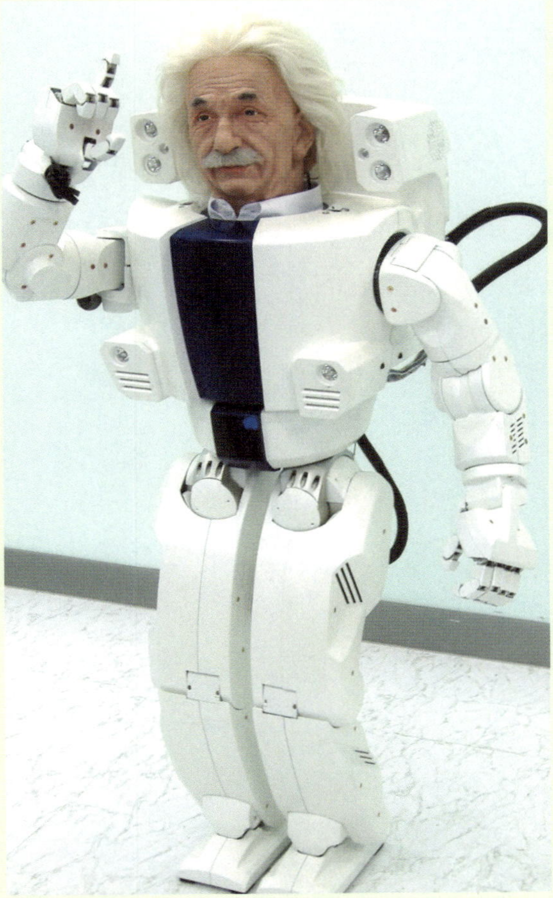

알버트 휴보. © Dayofid@the Wikimedia Commons

Q&A 꼭 알고 넘어가자!

문제 1 앞으로는 유비쿼터스 환경을 이용하여 건강 상태를 확인할 수 있습니다. 침대에서는 어떻게 유비쿼터스 기술이 이루어질까요?

문제 2 나노 로봇이란 무엇인가요?

3. 건물이 무너졌을 때, 열을 감지하는 센서를 부착한 로봇이 작은 틈새로 돌아다니면서 열을 감지해 사람이 있는 곳의 정보를 알려 줄 수 있습니다. 또 무거운 짐을 옮길 수 있도록 만들어진 로봇을 이용하면 옮기기 어려운 장애물을 손쉽게 치워서 더 빨리 구조 작업을 할 수 있어요. 아주 높은 온도에서도 견딜 수 있도록 몸체를 튼튼하게 만든 로봇 구조대라면 소방관이 들어가기 어려운 곳에도 들어가 불을 끌 수 있습니다.

문제 3 재난 구역에서 로봇 구조대는 어떤 일을 할 수 있을까요?

정답

1. 침대 안에 자동 감지기가 설치되어 우리의 심장박동을 확인해 줍니다. 누워서 자는 동안 신체 변화를 체크해서 이상이 생겼을 경우 다른 방의 가족이나 병원으로 연락이 가도록 하는 시스템입니다. 이 기능은 특히 병원이나 요양원 같은 시설에서 유용하게 쓰일 것입니다.

2. 수술의 통증 없이 빨리 치료하기 위하여 개발되고 있는 것이 나노 로봇입니다. 나노 크기만 한 로봇으로, 의학 분야에서 큰 관심을 받고 있어요. 크기는 매우 작지만 그 안에는 컴퓨터가 내장되어 있습니다. 나노 로봇은 혈관을 타고서 치료해야 할 부위에 찾아가 컴퓨터에 입력된 대로 치료한 후 소변을 통해 빠져나옵니다.